WOLLEN WIR WIRKLICH ZUR ALTEN
NORMALITÄT ZURÜCKKEHREN?

ES WÄRE FAHRLÄSSIG, EINE KRISE
UNGENUTZT VERSTREICHEN ZU LASSEN.

Teile dieses Buchs sind eine Auswahl der besten Kolumnen und Artikel
der Autoren, die bereits publiziert wurden. Sie wurden für dieses Buch
überarbeitet und aktualisiert.

IMPRESSUM

COPYRIGHT

© Anja Förster und Dr. Peter Kreuz, Förster & Kreuz GmbH,
foerster-kreuz.com

1. AUFLAGE

Heidelberg, August 2020; ISBN 978-3-9816262-7-8

VERLAG

Rebels at Work Media

EDITORIAL DESIGN

Christoph Schulz-Hamparian, schulz-hamparian.de

KORREKTORAT

Annamaria Grossmann

INFO FÜR COPYCATS

WARNHINWEIS

Lesen gefährdet die Dummheit.

ANJA FÖRSTER & PETER KREUZ

VERGEUDE KEINE KRISE!

28 REBELLISCHE IDEEN

FÜR FÜHRUNG, SELBSTMANAGEMENT UND DIE ZUKUNFT DER ARBEIT

«NIMMT MAN DIE CHANCE
AUS DER KRISE –
WIRD SIE ZUR GEFAHR.

NIMMT MAN DIE ANGST
AUS DER KRISE –
WIRD SIE ZUR CHANCE.»*

VOLKSWEISHEIT

*FALLS DIR DIESES ZITAT NICHT GEFÄLLT.
WIR HÄTTEN NOCH EINE ALTERNATIVE:

«IN JEDER SCHWIERIGKEIT LEBT DIE MÖGLICHKEIT.»

ALBERT EINSTEIN

WARUM WIR DIESES BUCH GESCHRIEBEN HABEN

Oh ja, wir wissen sehr gut, wovon wir reden, wenn wir das Wort «Krise» in den Mund nehmen. Auch uns hat es im März 2020 erwischt: Unser Geschäft ist von hundert auf nahezu null abgestürzt.

Na klar, wir konnten von einem Moment auf den anderen nicht mehr als Impulsgeber und Keynote-Speaker auf Führungskräftekonferenzen oder Wirtschaftskongressen auftreten. Begegnungen mit Gruppen wurden wegen der Infektionsgefahr verboten. Das bedeutete für uns so etwas wie ein Berufsverbot. Und das von hier auf jetzt, ohne Vorwarnung.

Wenn wir jetzt behaupten würden, wir wären damit ganz lässig umgegangen, hätten sogleich die Krise als Chance gesehen oder so ähnlich, dann würden wir lügen. Das war in Wahrheit ein Schock. So etwas löst Angst aus. Da war auf der einen Seite die Angst, dass das Virus auch in Deutschland wütet wie in Wuhan, wie in der Lombardei oder wie in manch anderen heimgesuchten Ecken der Welt. Dabei hatten wir vor allem Angst um unsere älteren und nächsten Verwandten. Und auf der anderen Seite kam auch bei uns die Angst vor den gesamtwirtschaftlichen Folgen der Corona-Krise auf. Wie lange wird das dauern? Wie schlimm wird es? Wie tief wird der Einschnitt? Welche Folgen hat das für die Staatsfinanzen, den Euro, die Arbeitslosenzahlen, die Politik überhaupt und was bedeutet das für die Bürger und die Unternehmen? – Uns war klar, dass selbst wenn die schwierige Zeit überstanden ist, nicht alles wieder zur Normalität zurückkehren wird.

Dennoch, trotz aller Verunsicherung, haben wir in der Krise die Erfahrung gemacht, dass sich bei uns beiden nach anfänglicher Fassungslosigkeit eine innere Kraft entwickelte: Wir begannen nachzudenken, zu hinterfragen und unser Leben und unsere Arbeit nicht aus dem «business as usual» Blickwinkel zu betrachten, sondern mit frischem Blick. Die alte Welt war plötzlich zum Stillstand gekommen, aber in unserem Inneren entstand eine Art Neu-Sein. Unsere Erfahrung: Gerade der erzwungene Bruch mit den üblichen Routinen und dem Gewohnten hat bei uns starke Veränderungskräfte freigesetzt.

Das ist auch der Grundgedanke dieses Buchs: Den Ausgang der Krise können wir nicht beeinflussen. Was wir aber tun können, ist, eine Strategie zu entwickeln. Also die Richtung festzulegen, in die wir gehen wollen. **Wir haben nicht alle Antworten. Aber wir können lernen, die richtigen Fragen zu stellen.**

CRAZY TIMES!

Während die COVID-19-Pandemie die Art und Weise verändert, wie wir leben, arbeiten und unsere Geschäfte führen, war es uns wichtig, den Blick nach vorn zu richten. **Manchmal ist ein Schockerlebnis nötig, um uns wachzurütteln und uns dazu zu zwingen, unsere Überzeugungen und unsere tradierten, einfach übernommenen Annahmen zu hinterfragen.**

Plötzlich müssen wir neue Wege gehen, die vor kurzem nur theoretisch denkbar erschienen. Beispielsweise beim Thema Präsenzkultur: Plötzlich ist es möglich, dass Menschen überall arbeiten – auf dem heimischen Sofa, auf dem Balkon, am Küchentisch – nur nicht im Büro. Und es geht! Digitale Arbeitsformen und -techniken sind plötzlich keine Kür, sondern notwendige Pflicht. Was vor kurzem noch blockiert oder ignoriert wurde, musste nun funktionieren: Remote-Work, Videokonferenzen statt Reisen zu Meetings, Zusammenarbeit über Collaboration-Software.

Selbst unserem heimischen Finanzamt, das bis dato noch nicht als Hotspot der Progressivität aufgefallen ist, gelang es innerhalb einer Woche, alle Mitarbeiter mit Laptops auszustatten und die IT-Infrastruktur so zu gestalten, dass von zu Hause aus gearbeitet werden konnte. Das Finanzamt. Halleluja! Die Frage, die sich vielen Protagonisten nach ein paar Tagen in der neuen Arbeitswelt stellte: «Warum haben wir das nicht schon lange vor der Krise so gemacht? Das ist doch viel besser und produktiver so!»

Und es zeigt sich: Es geht! Nicht alles sofort, nicht alles perfekt. Mit Anlaufschwierigkeiten und vielen Herausforderungen. Aber mit Forscher- und Entdeckergeist, mit Flexibilität und gutem Willen.

DIE GEISTIGE ERSTARRUNG LÖSEN

Wir propagieren hier kein simples Alles-wird-gut-Denken. Krisen sind keine Chancen, sie sind, was sie sind: Krisen. Kein Mensch braucht sie, kein Mensch will sie. Aber dennoch: **Bei Licht betrachtet, kann die gegenwärtige Herausforderung auch eine sinnstiftende Irritation sein und uns die Chance eröffnen, uns aus der geistigen Erstarrung zu lösen.**

Allen Kritikern, die spätestens jetzt erbost den Finger heben und darauf hinweisen, dass das aber ein bisschen viel Optimismus sei angesichts der Tatsache, dass die Krise ganze Branchen schachmatt gesetzt hat, möchten wir ausdrücklich sagen: Ja, uns ist klar, dass Unternehmer um ihre wirtschaftliche Existenz kämpfen und Mitarbeiter um ihre Jobs. Ein bisschen mehr Homeoffice und Telefonkonferenzen werden die Welt nicht retten.

Aber es hilft ja nichts. Wir müssen uns auf das fokussieren, was wir tun können: Wir können gemeinsam auf allen Ebenen daran arbeiten, den Schaden zu begrenzen und uns bestmöglich auf eine Welt vorzubereiten, die anders sein wird als die vor der Krise.

Uns geht es mit diesem Buch NICHT darum, irgendwelche Schwierigkeiten auszublenden. **Worum es uns geht, ist deine Haltung, unsere Haltung.** Nehmen wir diese Schwierigkeiten als Vorboten eines unausweichlichen Untergangs? Oder nehmen wir sie als Ansporn, um ihnen konkrete Taten entgegenzusetzen?

Unsere Haltung ist: Es lohnt sich, gerade jetzt neue Antworten auf die alten Fragen zu suchen – für eine Welt NACH der Krise. Oder um es mit Winston Churchill zu sagen:

«Never let a good crisis go to waste!»

Der englische Premierminister war jemand, der mit Krisen reichlich Erfahrung hatte. Als er sein Amt im Mai 1940 übernahm, war sein Land mitten im Zweiten Weltkrieg. Nazideutschland war militärisch überlegen, die Briten erlebten auf dem Festland beim Versuch, sich den deutschen Truppen beim Vormarsch auf Frankreich in den Weg zu stellen, eine verheerende Niederlage, die Nazis drohten mit der Invasion und Churchills monumentale Herausforderung war es, in diesen dunklen Stunden eine verängstigte Nation zu motivieren, die eigentlich schon resigniert hatte. So etwas gelingt nur mit einer starken Vision und seeehr viel Mut. MUT! Churchill selbst war der Überzeugung, dass Mut die wichtigste aller Qualitäten eines Menschen ist, da Mut die Grundlage für alle anderen Qualitäten und Tugenden darstellt.

Die Fragen für uns alle in der momentanen Krise lauten: **Wie können wir mutig sein? Wie können wir die Zukunft im Blick behalten, während wir gleichzeitig pausenlos damit beschäftigt sind, die Krise zu bewältigen?** Es geht nicht darum, entweder das eine oder das andere zu tun. Wir müssen beides hinbekommen! Sowohl-als-auch. Und genau darin liegt die Herausforderung.

Die schlechte Nachricht: Wir haben keine Wahl.

Wollen wir hier in Mitteleuropa weiterhin eine Rolle in einer sich radikal verändernden Welt spielen, dann müssen wir uns bewegen. Wir müssen beherzt und beharrlich daran arbeiten, uns wieder einmal neu zu erfinden.

Die gute Nachricht: Wir haben keine Wahl.

Uns bleibt gar nichts anderes übrig, als mutig zu sein. Wir MÜSSEN über unseren Schatten springen und uns erneuern. Das geht nur, wenn wir alte Denkmuster entschlossen über Bord werfen. Wenn wir hinderliche Glaubenssätze mit klügeren und zukunftsfähigen Ideen überschreiben. Und wenn wir neugierig sind. Wenn wir mutig experimentieren und unser

Denken erweitern. Das wiederum bedeutet: Konventionen, Traditionen, Rollen, Muster, Normen und Schemata hinterfragen. Nichts für selbstverständlich halten. Endlich Schluss machen mit dem elenden Das-geht-nur-so-und-nicht-anders-weil-wir-haben-das-ja-schon-immer-so-und-nicht-anders-gemacht!

NEUE WEGE ENTSTEHEN BEIM GEHEN

Kreatives Denken und Handeln findet nur dort statt, wo Vielfalt statt Einfalt herrscht, wo Individualität statt Konformität gefördert wird, wo es Freiräume und Selbstverantwortung gibt. Wir müssen uns entscheiden: Zwischen Konvention und Veränderung. Zwischen organisierter Unverantwortlichkeit und selbstbewusster Eigenverantwortung.

Und dazu müssen sich alle Beteiligten bewegen:
→ von der *Vorgabe* zur *Selbstverantwortung*
→ von der *Kontrolle* zur *Selbstkontrolle*
→ vom *Sicherheitsdenken* zum *experimentellen Denken*
→ von der *Fehlervermeidung* zum *Ausprobieren*
→ vom *Recht zum Widerspruch* zur *Pflicht zum Widerspruch*
→ vom *Konsens* zum *Dissens*
→ von der *Fremdbestimmung* zur *Selbstbestimmung*

Zu all diesen Themen haben wir in den letzten Jahren schon an verschiedenen Orten publiziert: In unseren Büchern, in unserem Newsletter, in Artikeln, Interviews und in den sozialen Medien. Und selbstverständlich haben wir auch in unseren Vorträgen darüber gesprochen.

Wer regelmäßiger Leser unseres Newsletters ist, wird in diesem Buch bereits publizierte Beiträge wiedererkennen. Eingeflochten haben wir neue Ideen und Impulse, die die besonderen Herausforderungen, aber auch die Chancen der gegenwärtigen Krise adressieren.

Entstanden ist daraus eine Anstiftung zum Andersdenken. Wir möchten, dass du die Krise nicht vergeudest!

Nimm die Chance aus der Krise, und sie wird zur Gefahr.
Nimm die Angst aus der Krise, und sie wird zur Chance.

Dieses Buch ist eine Einladung an dich, mutig zu sein. Wir haben die Texte so konzipiert, dass du als Leser überall einsteigen kannst. Bildlich gesprochen ist *Vergeude keine Krise* ein Buffet, aus dem du dir das für dich Passende aussuchen kannst.

Was unser Buch hingegen NICHT ist: Ein Ratgeberbuch im Sinne einer Anleitung, wie du mental besser durch die herausfordernde Zeit kommst! Wir sind weder Berater noch Therapeuten. Wir betrachten das, was gerade passiert, durch unsere Brillen als Wirtschaftswissenschaftler, als Unternehmer und als Impulsgeber für die Arbeitswelt von morgen.

Beim Lesen wird dir auffallen, dass viele dieser Impulse auch für die Zeit nach der Krise gelten. Wen das erstaunt, der missversteht die Krise als singulären Einschnitt, als schmerzhafte Unterbrechung, die es möglichst schnell zu vergessen gilt, wenn wir diese Zeit hinter uns gebracht haben. Wir sehen es anders: **Die Krise ist vor allem auch Brennglas und Verstärker für Veränderung, die ohnehin stattfinden muss.**

«Erfolg ist nicht ewig, Niederlagen sind nicht final: Es ist der Mut weiterzumachen, der zählt!» – Auch das hat Winston Churchill gesagt. Erfolg stärkt die Illusion, alles im Griff zu haben und unbesiegbar zu sein. Und umgekehrt erscheint uns die Krise als Katastrophe und lässt uns glauben, dass es kein Morgen geben wird. Beide Ansichten sind falsch!

Churchill wusste, dass was auch immer passiert, keine Krise ewig dauert. Daran sollten wir uns immer mal wieder erinnern!

«Das Corona Virus stellt etwas Neues dar», resümiert das *Wall Street Journal*, «eine nichtfinanzielle, exogene Kraft, deren Einfluss auf die Weltwirtschaft gewaltig und nicht fassbar ist.»

Zum Zeitpunkt, als wir diese Zeilen schreiben, ist noch völlig unklar, wie die Krise ausgehen wird. Unternehmen arbeiten mit voller Kraft daran, einigermaßen durch die schwere Zeit zu kommen – das heißt, ihre Funktionstüchtigkeit, ihr Geschäft und die Gesundheit ihrer Mitarbeiter aufrechtzuerhalten. Das ist eine Fahrt auf Sicht. Wirtschaften mit dem Notstromaggregat.

Dennoch gilt: Jede Idee, die vor Corona gut war, wird auch nach Corona noch gut sein. Jedes Projekt, für das wir vor der Krise gekämpft haben, bleibt vermutlich ein gutes, ein lohnendes Projekt. **Keine Innovation wird durch das Virus infiziert.**

Es geht also keineswegs darum, alles, was in die Zukunft weist, temporär abzustellen und nur noch im Krisenhamsterrad zu rennen. Natürlich ist es überlebenswichtig, das Tagesgeschäft am Laufen zu halten. Aber gleichzeitig muss jedes Unternehmen auch kluge Ideen entwickeln, nicht nur für das Geschäft in der Krise, sondern auch für die Zeit danach.

Radikal veränderte Rahmenbedingungen erfordern radikales Umdenken. In den Organisationen und bei jedem Einzelnen.

Alles beginnt damit, mit dem Finger auf sich selbst zu zeigen und zu fragen: Was kann ICH HEUTE TUN, um diese Veränderung voranzutreiben?

ETWAS TUN. Das ist der Punkt. Die Pointe der Geschichte. Das Warum unserer Arbeit. Das Warum dieses Buchs.

ETWAS TUN: Das ist das Gebot der Stunde.

VERGEUDE KEINE KRISE!

WIDER DAS GRUPPENDENKEN*

In den sozialen Medien war das Video ein viraler Hit: Mark Rutte, Ministerpräsident der Niederlande, besucht zu Beginn der Corona-Krise einen Supermarkt in Den Haag. Eine Kundin spricht ihn an und fragt besorgt, ob er selbst noch genug Toilettenpapier habe.

«Ja», antwortet er, «aber es gibt auch genug in den ganzen Niederlanden für die kommenden Jahre. Wir haben so viel, wir können zehn Jahre kacken!»

Rutte ging das irrationale Verhalten seiner Landsleute zu Beginn des Lockdowns sichtlich auf die Nerven. Egal, ob in den Niederlanden, in Deutschland, in den USA oder in Australien: Klopapier mutierte zum Hamsterartikel schlechthin. Angesichts der Bilder leerer Supermarktregale, die millionenfach in den sozialen Medien geteilt wurden, fragen wir uns: Beginnt die eigentliche Menschwerdung erst dann, wenn wir unter jedem Arm ein Zehner-Pack «Happy End» aus dem Supermarkt tragen? Überleben wir die Pandemie nur, wenn wir zweifelhafte kulinarische Errungenschaften wie Dosenravioli, Instantsuppen, blasse Bohnen im Glas, Dosenbrot und Heringsfilets in Tomatensauce – also alles, was zwar nicht schmeckt, aber ewig haltbar ist – im Dutzend bevorraten?

Wir müssen keine Hellseher sein, um zu prognostizieren, dass nach der Corona-Pandemie die Kellerschränke immer noch mit Essensvorräten prall gefüllt sein werden. Nur gut, wenn die Haltbarkeit erst in ferner Zukunft abläuft. Es bietet sich allerdings an, genauer zu prüfen, ob das Mindesthaltbarkeitsdatum tendenziell dem eigenen entspricht. Es ist doch ziemlich demütigend, wenn einen schon die eigenen Konserven überleben.

HERDENLOGIK

Wenn sich Menschen wie außer Kontrolle geratene apokalyptische Hausfrauen verhalten, hat die «Logik» dahinter etwas Herdenartiges: Wenn alle massenhaft kaufen, darf ich nicht fehlen. Man will eben nicht leer ausgehen, auch wenn es nur um Nudeln geht. Und außerdem kann das, was alle anderen machen, so verkehrt ja nicht sein.

Unser Drang, uns am Verhalten der Gruppe zu orientieren, ist evolutionär bedingt und wird in der Psychologie «Social Proof» genannt. Je mehr Menschen eine Idee oder ein Verhalten richtig finden, desto überzeugender kommt es uns vor. Ob es um das Horten von Lebensmitteln geht, eine politische Haltung oder einen aktuellen Modetrend; wir alle sind dafür empfänglich, unreflektiert der Mehrheit zu folgen.

Und natürlich sind auch Entscheider in Unternehmen nicht davor gefeit. Umso wichtiger ist es deshalb, in instabilen

Der britische Journalist und Autor Matthew Syed verbild-
licht in seinem Buch *Rebel Ideas* den Vorteil eines Teams mit
kognitiver Vielfalt gegenüber einem Team mit kognitiver
Uniformität wie folgt:

FIG. A: schwarmintelligentes Team / kognitive Vielfalt

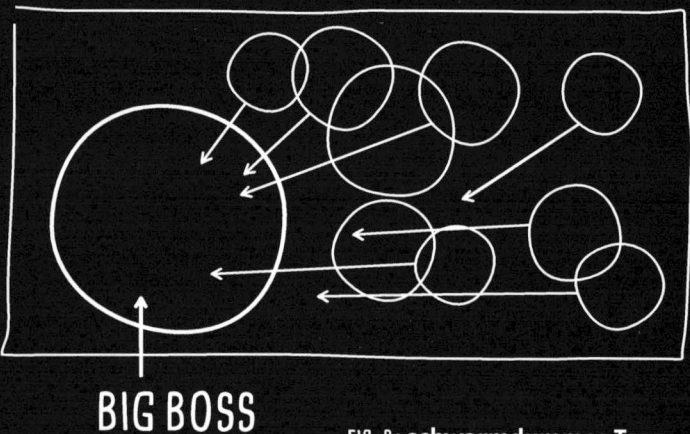

BIG BOSS

FIG. B: schwarmdummes Team

BIG BOSS

TEAM

Quelle: Matthew Syed, *Rebel Ideas*

Situationen einen klaren Kopf zu behalten. Womöglich ist nämlich ein Ausweg in genau der entgegengesetzten Laufrichtung der Herde zu finden. Den findet aber nur derjenige, der seine Nerven im Griff hat und die Augen offen hält.

Das wiederum bedeutet, bei der Bewältigung der Herausforderungen nicht einfach darauf zu setzen, wie es alle anderen machen und darauf zu hoffen, dass das, was die Mehrheit macht, passen wird. **Damit wird man dem Besonderen der Situation nicht gerecht.** Das ist schon in Nicht-Krisenzeiten keine gute Strategie und erst recht nicht dann, wenn uns der Wind mit größter Wucht ins Gesicht bläst.

SCHWARMINTELLIGENT VERSUS SCHWARMDUMM

Nun mag die durch den Herdentrieb ausgelöste Entscheidung, tonnenweise Klopapier zu Hause zu bevorraten, zwar rational etwas wackelig sein, aber sie hat andererseits keine schwerwiegenden Konsequenzen. Anders sieht es mit dem Herdentrieb bei komplexen Sachverhalten aus, wenn die Entscheidung weitreichende Konsequenzen hat und wir zudem weder die Ausgangslage noch die Folgen wirklich gut überblicken können.

Die Entscheidungsqualität wird in diesem Kontext umso besser, je weniger wir blind der Herde beziehungsweise Mehrheitsmeinung folgen und je mehr wir auf die Kraft des Selberdenkens setzen. Die Entscheidungsqualität erhöht sich nochmals, wenn zudem unterschiedliche Perspektiven in die Entscheidungsfindung einfließen. Kognitive Diversität (auch kognitive Vielfalt) ist in diesem Zusammenhang das Stichwort. Dafür ist es notwendig, Menschen mit unterschiedlichen Problemlösungsstilen und einer Vielfalt an Perspektiven einzubinden.

Das schwarmintelligente Team mit seiner Vielfalt an Perspektiven und Problemlösungsstilen schlägt in Sachen Entscheidungsqualität das Team der Meinungsklone, das sich dadurch auszeichnet, dass die Perspektiven und Argumente der Mitglieder nahezu deckungsgleich sind. Kurzum: **Wer unterschiedliche Perspektiven und Meinungen zulässt, bekommt bessere Entscheidungen in komplexen Situationen. Darin ist sich die Forschung einig.**
Das ist einleuchtend, denn je unterschiedlicher die Perspektiven sind, desto vielfältigere Informationen, Argumente und Perspektiven werden in die Diskussion eingebracht. Vorausgesetzt natürlich, man lässt es zu! Das setzt die Offenheit für Querköpfe und Freigeister im Unternehmen voraus. Im

Klartext: Willst du ein schwarmintelligentes Team, dann brauchst du Andersdenker, Status-Quo-Hinterfrager, Unbequeme, Querköpfe, Gegen-den-Strom-Schwimmer, Rebellen, die dazu beitragen, das «übliche» Denken zu irritieren und damit lernende Reaktionen zu provozieren.

Die Bereitschaft offen zu sein für eigenständige Persönlichkeiten, die quer zur üblichen Logik der Organisation stehen, wird aber spätestens dann auf die Probe gestellt, wenn durch die andere Sichtweisen Reibung und Konflikte entstehen. **Damit umzugehen, setzt Bewusstheit und Reife auf Seiten der Führung voraus.**

Willkommen in der Zwickmühle: Die Bedeutung der kognitiven Diversität wird gern betont. Ebenso die Notwendigkeit, dass der Einzelne auch mal die Mehrheitsmeinung hinterfragt. Aber wehe, jemand stellt sich dann tatsächlich quer!

Weicht jemand so richtig deutlich von dem ab, was die Mehrheit für richtig befindet, zeigen die meisten Organisationen Abstoßungsreaktionen. Die Beharrungs- und Konformitätskräfte sorgen dafür, dass Querdenker sehr schnell marginalisiert werden. «Mit dem stimmt was nicht» – davon gehen die Mehrheitsdenker aus, denn sonst würden solche Leute ja kaum gegen die Meinung der Gruppe anschwimmen. Der unausgesprochene Konsens lautet: Weg mit diesen Gestörten, diesen Querulanten, Provokateuren und Nestbeschmutzern!

Das gilt nochmals stärker in Krisenzeiten. Je herausfordernder die Zeiten, desto stärker die Versuchung, sich mit Gleichgesinnten zu umgeben und damit auch Meinungsverschiedenheiten von vornherein auszuschließen.

«Gerade jetzt in der Krise müssen wir eng zusammenstehen. Gerade jetzt können wir kein Ausscheren gebrauchen, gerade jetzt können wir keine Diskussionen beginnen», ist dann zu hören.

Wer sich beliebt machen will, sollte besser die Finger davonlassen.

Was wir uns allerdings klarmachen sollten: Wer Dissens vermeidet, verengt damit auch seinen geistigen Horizont. Und das ist in einer Welt, die geprägt ist von Volatilität, Unsicherheit, Komplexität und Ambiguität, so ziemlich das Dümmste, was wir tun können. Ob nun Informationen interpretiert werden, eine Strategie zur Problemlösung gesucht wird oder ein Urteil gefällt werden soll – ohne Dissens, Widerspruch und Reibung folgt das Kollektiv im Denken einem ausgetrampelten Pfad. Und die ausgetrampelten Pfade sind bekanntlich besonders glitschig.

DIE REBELLENFORSCHERIN

Charlan Nemeth forscht seit über drei Jahrzehnten zum Thema kognitive Diversität. Die Psychologieprofessorin aus Berkeley hat im Rahmen ihrer Forschung unter anderem die Entscheidungsfindung bei Geschworenen am Gericht untersucht. Dabei hat sie festgestellt, dass immer dann, wenn die Geschworenen sich während ihrer Urteilsfindung uneins sind, mehr Argumente diskutiert werden, die das Problem von vielen Seiten betrachten und nicht sofort ein bestimmtes, vorgefasstes Urteil stützen. Das Für und Wider eines Schuldspruchs wird deutlich ernsthafter abgewogen, wenn Uneinigkeit herrscht.

Das ist die Krux: Andersdenker erhöhen die Vielfalt an Perspektiven und damit die Qualität des Urteils, gleichzeitig nerven sie aber, weil sie der schnellen Urteilsfindung entgegenstehen. Nemeth sagt: **«Wer eine Minderheitenmeinung vertritt, wird abgelehnt und verspottet. Der Mehrheit ist nicht bewusst, dass sie dem Querdenker eigentlich dankbar sein sollte.»**

Quer- und Andersdenker können nur dann ihre Wirkung entfalten, wenn die von ihnen eingebrachten anderen, zusätzlichen Aspekte von der Organisation als Bereicherung verstanden wird – und nicht als lästige Störung. Die kraftvolle Wirkung der Diversität entfaltet sich nur dann, wenn die anderen Personen in der Gruppe bereit sind, sich mit der abweichenden Meinung auseinanderzusetzen:

«Warum denkst du das?»

«Liegst du daneben?»

«Liege ich daneben?»

«Oder irren wir uns vielleicht beide und müssten noch mal genauer darüber nachdenken?»

Und ja: Es geht auf Kosten der Einigkeit und Harmonie. Es erfordert Geduld. Es kann ganz schön anstrengend sein. Es kann gehörig stören. – Und das soll es auch!

Denn wenn es gewünscht ist, bei **Entscheidungen mit langfristigen Konsequenzen** in verschiedene Richtungen zu denken, Fakten aus allen Blickwinkeln des Problems zu berücksichtigen und sowohl die Nachteile als auch die Vorteile zu reflektieren, dann sind die abweichenden Meinungen nützlich für alle.

Steht hingegen der Konsens im Vordergrund, werden überwiegend jene Informationen gesucht und jene Fakten berücksichtigt, die die ohnehin schon vorgefasste Meinung stützen. Gefahr droht, wenn ein intelligentes System erstarrt – etwa, wenn in einer Organisation oder einem Team nur noch das gehört wird, was die herrschende Meinung bestätigt.

« DIE ERFOLGREICHSTEN FÜHRUNGSKRÄFTE SIND JENE, WELCHE DIE AM WENIGSTEN FÜGSAMEN MITARBEITER FÖRDERN. DENN WENN FÜHRUNGSKRÄFTE SICH IRREN – UND DAS TUN SIE IMMER – WIRD DER MIT DEN FÜGSAMSTEN MITARBEITERN SCHEITERN.»

KEITH GRINT
LEADERSHIP-PROFESSOR AN DER WARWICK UNIVERSITY

Mögliche Nachteile bleiben so unberücksichtigt und alternative Möglichkeiten, die Fakten zu interpretieren, werden schlicht ausgeblendet. **Klongehirne, fügsame Normdenker und Konsenswächter geben den Ton an und bekämpfen alles, was die heilige Ordnung stört. Die Erstarrung führt schließlich zum Versagen des Systems.**

Zukunftsgewandte Führungskräfte haben begriffen, dass sie konformistisches Gruppendenken bekämpfen müssen, gerade in Krisenzeiten, wo gerne mal die Wir-müssen-jetzt-eng-zusammenstehen-Parole ausgegeben wird. Sie wissen, dass Dissens und Heterogenität der Meinungen die Entscheidungsfindung deutlich verbessern. Sie wissen, dass sie Leute in den eigenen Reihen brauchen, die sich auch mal gegen den Wind stellen.

Um diese Haltung zu stärken, gilt es, die positiven Abweichler in den eigenen Reihen zu identifizieren. Wer sind die Kanarienvögel? Und wie werden sie dazu bewegt, sich einzumischen?

01

KÜMMER DICH UM DIE KANARIENVÖGEL

GELB

«*Dissens ist nicht das Ende des Denkens, sondern sein Anfang.*»

Du hast das vielleicht auch schon mal erlebt: Im Meeting wird eine wirklich grottenschlechte Idee präsentiert, bei der man sich fragt, ob sie von Ölsardinen im Zustand geistiger Umnachtung verfasst wurde. Als die Idee dann zur Abstimmung gestellt wird, denkt sich insgeheim jeder: «Oh weia! Da sollten wir besser die Finger davon lassen …»

Aber niemand möchte derjenige sein, der das laut ausspricht. Es ist wie in dem Märchen *Des Kaisers neue Kleider* von Hans Christian Andersen. Jeder weiß, dass die präsentierte Idee totaler Schrott ist, aber niemand will das Offensichtliche aussprechen. Es könnte ja sein, dass alle anderen dafür sind und dann steht man nackt da!

Also wird die grottenschlechte Idee durchgewunken und kommt ins Rollen. Nachdem die Entscheidung gefallen ist, steigt der Druck auf jeden Einzelnen, die Gruppenmeinung zu vertreten. Das ist dann der Punkt, an dem es kein Zurück mehr gibt …

Reine Fiktion? So etwas gibt es doch im wahren Leben nicht?

Oh doch!

Im Laufe der Zeit nimmt in (fast) allen Unternehmen der Trend zum Gruppendenken zu. Das heißt: Die Menschen denken und handeln immer ähnlicher. Abweichler werden seltener und haben es immer schwerer. Konsens macht sich breit, Widerspruch wird immer seltener und stirbt langsam aus. Wer es wagt, mit einer abweichenden Meinung aufzufallen, gilt schnell als nicht teamfähig. Karriere macht man so nicht.

Dieser Prozess geschieht schleichend. Über die Jahre hinweg ist ein Unternehmen gewachsen, die Mitarbeiter entwickeln eine starke Verbundenheit mit der Organisation. Das hat allerdings eine starke Nebenwirkung: **Je dominanter das Zusammengehörigkeitsgefühl, auch Korpsgeist genannt, desto mehr passt sich die Meinung des Einzelnen der Mehrheitsmeinung der Gruppe an.** Das Denken wird immer enger. Abweichler werden gemaßregelt und wieder eingeordnet. Entscheidungsalternativen werden ausgeblendet.

Das Beharren auf der Gruppenmeinung und den damit verbundenen Prinzipien und Sichtweisen führt dazu, dass Probleme und Risiken nicht eingestanden und vielleicht nicht einmal mehr als solche wahrgenommen werden. Eine gesunde Einschätzung der Risiken? Welche Risiken bitte?

Nur: Wer in einer sich rasch und radikal ändernden Welt gute Entscheidungen treffen will, muss abweichende Meinungen nicht nur dulden, sondern muss Mitarbeiter mit nicht naheliegenden Meinungen und unkonventionellen Vorschlägen geradezu einladen. Diese Andersdenker in den eigenen Reihen sind extrem wichtig – nicht weil sie sich tendenziell immer durchsetzen, sondern weil sie eingefahrene Routinen stören und das Denken stimulieren und in neue Bahnen lenken. Ein Unternehmen, das auf solche Impulse verzichtet, droht seine eigene Zukunft schlichtweg zu verspielen.

Spätestens wenn sich das Marktumfeld stark ändert, ist genau das Gegenteil von Gruppendenken gefragt: Abweichende Meinungen liefern die Ideen zu neuen, anderen Lösungen. **Deswegen sind die Nonkonformisten so wertvoll und sollten unter Artenschutz gestellt werden!**

Genau das passiert aber in den meisten Unternehmen nicht. Im Gegenteil: Studien zeigen, dass Führungskräfte sich ausgerechnet in Zeiten starker Veränderungen und Krisen umso mehr auf den Rat von Kollegen stützen, die genau ihren Standpunkt teilen. Sie ziehen gerade dann, wenn es darauf ankommt, den bequemen Konsens dem unbequemen Dissens vor.

FRÜHWARNSYSTEM

Darum ist das eines unserer wichtigsten Anliegen: Wer in überlebenswichtigen Fragen im Unternehmen gute Entscheidungen treffen will, muss das Gruppendenken bekämpfen! Stattdessen muss die Vielfalt des Denkens aktiviert werden, die in der Organisation schlummert.

Die Frage ist: Wie geht das?

Die Antwort: Indem ihr euch um eure Kanarienvögel kümmert!

Die Idee stammt von Google. Dort führte der damalige Personalchef Laszlo Bock sogenannte Kanarienvogelgruppen ein. Die Kanarienvögel sind Mitarbeiter aus ganz unterschiedlichen Hierarchieebenen und Unternehmensbereichen. Was sie auszeichnet, ist ihr Ruf, über strategische Weitsicht zu verfügen und auch kein Problem damit zu haben, ihre Haltung deutlich und auch gegen vorherrschende Überzeugungen zu äußern. Also auch anzuecken.

Die Metapher stammt aus dem Bergbau: Die Kumpels nahmen sich früher einen Kanarienvogel in einem tragbaren Käfig mit unter Tage. Solange der zwitscherte, war alles in Ordnung. Aber sobald der Kanarienvogel verstummte, drohte der Einbruch von Grubengas und damit die Gefahr zu ersticken oder vergiftet zu werden. Dann wurde es höchste Zeit, die Grube zu verlassen.

Die Kanarienvogelgruppen bei Google sind also Fokusgruppe und Frühwarnsystem in einem. Sie bieten den Andersdenkern den Raum, eine bedeutende Funktion für das Unternehmen zu erfüllen und sorgen für das kritische Hinterfragen im Vorfeld von wichtigen Entscheidungen. Es geht also nicht darum, die Kanarienvögel bei jeder klitzekleinen Entscheidung um ihren Input zu bitten – aber eben bei solchen, die weitreichende Folgen haben.

UND DAS IST EINE HERVORRAGENDE IDEE!

Kanarienvogelgruppen sind nicht das Allheilmittel gegen Konformität und Gruppendenken. Dazu braucht es auch andere Strukturen und andere Einstellungs- und Beförderungsverfahren. Die Idee von Google ist also ein Baustein unter vielen. Aber es ist ein Baustein, über den du dringend mal nachdenken solltest: Wie könnte die Variante von Kanarienvogel-Gruppen in deinem Unternehmen aussehen?

02

VERGISS PSEUDO DISSENS

«*Auch wenn die Minderheit mit ihren Ansichten nicht richtig liegt, leistet sie einen Beitrag, neue Lösungen zu finden und alles in allem letztlich bessere Entscheidungen zu treffen.*»

Charlan Nemeth, *Psychologie-Professorin an der University of California, Berkeley*

Kanarienvögel sind Gold wert. Es funktioniert aber nur mit Menschen, die ihre Meinungen, Widersprüche und Zwischenrufe authentisch vertreten. Deshalb befördert eine Methode wie der «Advocatus diaboli» auch nur scheinbar den Diskurs, schreibt Charlan Nemeth in ihrem Buch *In Defense of Troublemakers: The Power of Dissent in Life and Business*. Wenn jemand in einer Diskussion die Position des Advocatus diaboli übernimmt, dann bleibt es eben nur ein Rollenspiel, das das divergente Denken bei weitem nicht so anregt wie es authentischer Dissens tut.

In anderen Worten: **So tun als ob man Andersdenker wäre, es aber in Wirklichkeit gar nicht ist, führt nur zu Pseudo-Dissens INNERHALB der bereits vorhandenen Denkmuster.**

Und um noch mit einem Irrtum aufzuräumen: Der Wert der Kanarienvögel liegt nicht darin, dass sie immer Recht haben. Selbstverständlich kommt es vor, dass sie mit ihrer Meinung auch daneben liegen. Nur: Selbst wenn sie mit ihrer Meinung daneben liegen sollten, bewirken sie dennoch zwei Dinge: Sie brechen erstens die blinde Gefolgschaft der Mehrheit. Menschen denken unabhängiger, wenn das Mehrheitsdenken in Frage gestellt wird. Und was vielleicht noch wichtiger ist: Sie regen zweitens Gedanken an, die divergenter und weniger voreingenommen sind. Ihre Einwürfe motivieren die anderen dazu, mehr Informationen zu suchen und mehr Alternativen in Betracht zu ziehen, als sie es sonst tun würden. Sie spornen dazu an, sowohl die Nachteile als auch die Vorteile der verschiedenen Positionen zu betrachten.

03

ENTZIEH DICH

DEM SOG DER

GRUPPE

> *«Es genügt nicht, andere Meinungen zuzulassen. Wir müssen sie fördern.»*
> Robert F. Kennedy,
> *amerikanischer Politiker*

So wichtig und nützlich Dissens auch sein mag, es ist nicht einfach, einen abweichenden Standpunkt zu vertreten. Wir neigen dazu zu glauben, dass die Mehrheit richtig liegen muss, denn schließlich ist es ja die Mehrheit. Also vertraut man aufs Bekannte und folgt der Herde.

Dazu gibt es eine witzige Episode aus der amerikanischen TV-Sendung *Candid Camera* – der deutsche Ableger dieser Sendung hieß *Versteckte Kamera*, du erinnerst dich. Das Prinzip: Ahnungslose Menschen werden in schwierige, unangenehme, peinliche, überraschende Situationen gebracht, während die Szene mit versteckter Kamera gefilmt wird. Das Konzept der Sendung benutzt dabei die klassische Methode der Sozialpsychologie, um menschliches Verhalten zu beobachten – was definitiv jede Menge lustiger Szenen liefert.

Zum Beispiel diese hier: die Szene zeigt Leute, die in einen Aufzug einsteigen. Drei davon gehören zum Team von *Candid Camera*. Als sich die Tür des Aufzugs schließt, drehen sich die drei um und schauen alle zur Rückwand des Aufzugs. Was macht die nicht eingeweihte vierte Person? Sie ist zunächst verwirrt, dreht sich etwas zur Seite, schaut auf die Uhr als kleine Ablenkung, um sich noch ein bisschen weiter zur rückwärtigen Wand zu drehen ... und als die Türen des Aufzugs sich wieder öffnen, zeigt sich, dass auch die vierte Person dem Verhalten der drei anderen gefolgt ist und sich komplett zur Rückwand gedreht hat. Der Gruppendruck scheint unwiderstehlich zu sein.

Das Spiel geht noch weiter. Beim nächsten Opfer drehen sich die drei Komplizen erst zur rückwärtigen, dann zur seitlichen Wand des Aufzugs – und siehe da, auch dieses Mal dreht sich die vierte Person, die nicht eingeweiht war, exakt so wie die drei anderen – wenn auch mit etwas verwirrtem Blick.

Unheimlich, oder?

Solche analogen Phänomene treten in der gesamten Gesellschaft auf und selbstverständlich auch in Unternehmen: Menschen haben ein sehr gutes Gespür für das, was Mehrheitsmeinung oder Mehrheitsverhalten ist. Sie passen sich an. Wie das Fahrstuhl-Experiment zeigt, fällt es Menschen schwer, sich gegen das zu stemmen, was die Mehrheit macht.

Wir wissen nicht, bei wie vielen Probanden der Fahrstuhltrick nicht funktioniert hat. Denn selbstverständlich zeigt uns die Sendung nur diejenigen Szenen, bei denen es geklappt hat. Aber aus der Sozialpsychologie wissen wir genauso wie aus der Alltagserfahrung: **Die meisten Menschen wählen in den meisten Situationen die Konformität, einfach weil der Widerstand gegen die Mehrheit erheblich Energie kostet.**

Das zeigt sich deutlich in vielen Meetings. Hat der Meinungsführer erst einmal seine Meinung kundgetan, wirkt sich das richtungsweisend auf die anderen aus. Selbst wenn seine Meinung schädlich, dumm oder faktenbefreit ist: Sein soziales Gewicht wiegt häufig schwerer. Wenn nun auch noch Müller, Meier und Schulze zustimmen, werden auch die anderen unsicher und beginnen, ihre Wahrnehmung anzuzweifeln oder schweigen, um sich nicht rechtfertigen zu müssen. Mit jedem einzelnen Konformisten wird es schwieriger, weil energetisch kostspieliger, dagegenzuhalten. Also dreht der nächste bei, womit der Dissens für die übrigen noch schwieriger wird, dementsprechend fällt der nächste um und so weiter. So entstehen Gruppenmeinungen, Gruppendenken, Gruppenverhalten.

Übrigens: **Auch Schweigen ist Kommunikation. Die durch das Schweigen erzeugten Konsequenzen sind faktisch.**

Wohin das in Unternehmen führen kann, ist in dem Buch *Driving Fear Out of the Workplace: Creating the High-Trust, High-Performance Organization* von Kathleen Ryan und Daniel Oestreich zu lesen. Die Autoren haben insgesamt 260 Interviews mit Mitarbeitern in unterschiedlichsten Funktionen geführt. Das Ergebnis: Rund siebzig Prozent gaben an, bei Problemen eher zu schweigen, als Stellung zu beziehen und offen anzusprechen, was aus ihrer Sicht schiefläuft – und das aus zwei Gründen:

Erstens: Weil sie der Meinung sind, dass es ohnehin keine Rolle spielt, wenn sie den Mund aufmachen, weil das, was sie sagen, ignoriert wird. Das ist tragisch! Menschen, die das Gefühl haben, nicht gehört zu werden, gehen in die innere Kündigung.

Zweitens: Mitarbeiter richten ihr Verhalten an dem der Mehrheit aus. Melden die anderen das Problem nicht, will man nicht der Nestbeschmutzer sein, der aus der Reihe tanzt und Probleme anspricht, die die anderen übersehen haben. Es ist also die Angst vor der Ausgrenzung, die Menschen dazu bewegt, nicht den Mund aufzumachen und so Teil der schweigenden Mehrheit zu werden.

Die Mehrheitsmeinung in Frage zu stellen, erfordert Mut. Es braucht eine starke innere Überzeugung, um offen zu widersprechen. Mut zur eigenen Überzeugung braucht aber auch ein Umfeld, wo das erwünscht ist. Das eine geht nicht ohne das andere.

04

DENKE OHNE GELÄNDER

PLUS: EINE BAROMETER FRAGE

> **«Wir müssen unbedingt Raum für Zweifel lassen, sonst gibt es keinen Fortschritt, kein Dazulernen.»**
> Richard Feynman,
> *Physiker und Nobelpreisträger*

In kreativen Prozessen ist die Unkenntnis der vermeintlich richtigen Antwort ein Segen. Menschen, die nicht wissen, wie die Dinge sein *sollten*, werden in ihrem Denken nicht von bestehenden Lösungsmustern begrenzt. Sie sehen Dinge, die andere nicht sehen und ersinnen neue Perspektiven und Lösungen, die Menschen mit vertiefter Sachkenntnis auf einem Gebiet niemals in den Sinn kommen würden.

Sie sind eben nicht vorbelastet durch das Wissen um die «richtige» Antwort und können daher Altbekanntes aus neuen Perspektiven betrachten. Neue Perspektiven, die von den so genannten Experten von Anfang an verworfen werden oder an die sie niemals gedacht haben, weil der angelernte Raum ihres Denkens umzäunt von einem Geländer ist – und alles, was sich außerhalb dieses Geländers befindet, ist für sie fachfremd und daher irrelevant.

Das «Denken ohne Geländer», ein Begriff, der von Hannah Arendt stammt, hat nur eine Chance in einem Umfeld, in

dem das Terrain der möglichen Lösungswege nicht in er-
laubte und unerlaubte Gebiete abgeteilt wird.

Das ist uns sehr bewusst geworden, als wir kürzlich die nach-
folgende Geschichte gelesen haben:

*«Beschreiben Sie, wie man die Höhe eines Turms mit einem
Barometer feststellt!»*, so lautet die Prüfungsaufgabe.

Aber die Antwort des Studenten ist falsch! Der Professor
möchte seinem Studenten null Punkte geben. Der Student
besteht aber vehement auf der vollen Punktzahl. Denn seine
Antwort ist zwar die falsche, aber dann doch auch irgendwie
richtig.

Sie lautet: *«Ich befestige ein langes Seil am Barometer, lasse das Barometer von der Turmspitze zur Straße hinunter und
messe danach die Länge des Seils: Sie entspricht der Höhe des
Gebäudes.»*

Nachdem er sich mit einem Kollegen beratschlagt hat,
gibt der Professor dem Studenten eine zweite Chance.

Aber auch die zweite Antwort ist anders als erwartet. Eigentlich müsste er nur schreiben, dass mithilfe des Barometers der Luftdruck oben und unten am Turm gemessen wird
und die Werte zur Berechnung der Höhe in die barometrische
Höhenformel eingesetzt werden. Das will der Professor hören. Aber der Student schreibt diesmal:

«Ich lasse das Barometer von der Turmspitze nach unten fallen und messe mit einer Stoppuhr die Zeit, bis es unten aufschlägt. Mit der Gravitationskonstante und den Newtonschen Beschleunigungsformeln berechne ich daraus den zurückgelegten Weg des Barometers, der identisch mit der Höhe des Turms ist.»

Der Prüfer ist der Verzweiflung nahe, während der Student nur grinst und meint, er habe noch ein paar andere Lösungsvorschläge parat:

→ Wenn die Sonne nicht scheint, könnte er messen, wie hoch das Barometer ist und dann zählen, wie viele Einheiten der Länge des Barometers der Turm hoch sei, indem er das Barometer, beispielsweise im Treppenhaus, mithilfe von Markierungen Stück für Stück verschiebt und dann die Höhe des Barometers mit der Anzahl der Verschiebungen multipliziert.

→ Bei Sonnenschein aber könnte er auch die Höhe des Barometers und die Länge seines Schattens messen. Danach würde er den Schatten des Turms ausmessen und könnte dann mittels eines Dreisatzes die Höhe des Gebäudes bestimmen.

→ Oder aber – und das ist wohl die beste Lösung: Er besucht im Erdgeschoss den Turmwärter und biete ihm das Barometer als Gegenleistung zum Tausch an. Und zwar dafür, dass jener ihm die Höhe des Gebäudes verrät.

Wir wissen nicht, ob diese Geschichte wahr ist, aber sie ist ein Paradebeispiel für den Konflikt zwischen der Kreativität und dem Diktat der einen richtigen Lösung. Diese eine richtige Lösung, die als einzig richtiger Weg «verkauft» wird, repräsentiert im Grunde immer nur die Erwartung des Fragestellers.

Natürlich lässt sich einwenden «Na klar, so ist unser Bildungssystem. Bildung sollte mehr sein, als die Köpfe von Schülern mit Fakten und Formeln vollzustopfen, die dann auswendig gelernt und auf Verlangen wieder reproduziert werden. Schüler sollten ermuntert werden, Probleme mit allen verfügbaren Mitteln lösen zu können...» – Das ist richtig. Unser Bildungssystem verdient Kritik. Aber hier geht es uns nochmal um etwas anderes – nämlich um uns selbst und unsere eigene Haltung.

Wie sieht es damit aus? Zeigen wir mit dem Finger auf das Bildungssystem oder stellen wir uns selbst die Frage: Wenn dieser Student mein Kollege oder mein Mitarbeiter wäre – Hand aufs Herz – wie würden ich oder der Chef oder die Kollegen reagieren? Was, wenn dieser Kollege oder Mitarbeiter:

→ STATT der einen «richtigen» Antwort seine eigene kreative Antwort gibt?

→ STATT es so zu machen, wie du oder der Chef es will, es so macht, wie es dem Kunden hilft?

→ STATT dem Plan zu folgen, flexibel auf Veränderungen reagiert?

→ STATT dem vordefinierten Prozess zu folgen, es so macht, wie es der gesunde Menschenverstand vorschlägt?

Also:

Daumen hoch ODER Daumen runter?

Befördern ODER versauern lassen?

Mehr von solchen Typen einstellen ODER möglichst schnell solche Querulanten loswerden?

Die Reaktion offenbart die Kultur einer Organisation – und letztendlich auch das ganz persönliche Mindset: Ist das Loslassen von altgedienten Überzeugungen und normierten Lösungsansätzen Lippenbekenntnis? Oder wird es tatsächlich gelebt, wertgeschätzt und gefeiert?

Wird denen auf die Schulter geklopft, die dem Status quo und dem Handbuch zuverlässig, fleißig, aber auch blind folgen? **Oder werden diejenigen belohnt, die starre Regeln hinterfragen, Initiative ergreifen, neue Wege finden?**

Die Wahrheit ist: Wenn das Barometer zerbricht – und in der heutigen Welt, die immer unberechenbarer und mit vielen drastischen Veränderungen auch aus den Fugen geraten zu sein scheint, wird es früher oder später zerbrechen und das vermutlich im ungünstigsten Moment – dann wird derjenige schlechte Karten haben, für den das Barometer nur ein Messgerät zur Bestimmung des Luftdrucks ist.

Wer aber noch weitere Lösungsideen auf Lager hat, und wenn sie noch so ungewöhnlich sind, der wird immer noch die Höhe des Turms bestimmen können!

05

SCHLUCK DIE ROTE PILLE

WIRKSTOFF:
ZWEIFEL

> *«Verleugnung ist die vorhersehbarste*
> *aller menschlichen Reaktionen.»*
> *Filmzitat aus: The Matrix – Reloaded*

Im Kultfilm *Matrix* gibt es eine Schlüsselszene: Der rätselhafte Morpheus, gespielt von Laurence Fishburne, stellt Keanu Reeves als Neo vor die Wahl. **Rote oder blaue Pille?** Schluckt Neo die blaue Pille, kehrt er zurück in die heile Traumwelt, die die Matrix für ihn konstruiert hat. Die rote Pille dagegen wird ihm die Augen öffnen für die Welt, wie sie tatsächlich ist.

Neo wählt die rote Pille ... und der Schleier fällt! Er erkennt, dass er in einer gefälschten Realität namens Matrix gelebt hat. Alles, was er sieht, ist eine Illusion, die geschaffen wurde, um ihn zu blenden, damit er die Wahrheit nicht erkennt.

Und wie Neo, so haben auch wir im übertragenen Sinn jeden Tag die Wahl zwischen der roten und der blauen Pille. Die Einnahme der roten Pille kann Dinge enthüllen, die wir nicht sehen wollen. Mit der roten Pille wachen wir auf. Wir sehen die ungeschminkte Realität, das echte Leben hinter der Scheinwelt.

Viele entscheiden sich genau aus diesem Grund für die blaue Pille: **Sie verschließen die Augen vor dem, was sie nicht sehen wollen, was unangenehm ist, was schmerzhaft ist, was**

verändert werden müsste und nicht ins Weltbild passt.
Das Augenmerk der Blaue-Pille-Leute liegt darauf, sich
wohlzufühlen und das eigene Weltbild bestätigt zu sehen.
Weil es einfacher ist und sich sicher anfühlt. Weil es sich mit
beschränkter Wahrnehmung unbeschwerter lebt. Weil die
vertrauten Denkmuster in unsicheren Zeiten das Gefühl von
Orientierung geben und etwas, woran man sich festhalten
kann.

Die blaue Pille ist definitiv der bequemere Weg – aber
eben auch eine Sackgasse: Beunruhigende Entwicklungen
werden zunächst als nicht plausibel oder bedeutungslos verworfen, dann als Ausnahmen von der Regel rationalisiert, als
Nächstes widerwillig durch defensive Maßnahmen aufgefan-
gen, bevor man sich dann schließlich doch ehrlich mit ihnen
auseinandersetzen muss – was allerdings auch nicht immer
geschieht.

Je weiter wir uns von der Realität entfernen, desto größer
die Überraschung über die Welt, die sich unterdessen dramatisch verändert hat. Die Wünsch-dir-was-Welt implodiert
dann früher oder später umso dramatischer. **Der Aufschlag
auf dem Boden der Realität wird umso härter.**

Wir tun also gut daran, uns immer wieder selbst aus freien
Stücken eine kräftige Dosis der roten Pille zu verabreichen.
Nur, was heißt das konkret?

Was ist der Wirkstoff, der in der roten Pille steckt und der die echte Realität zum Vorschein bringt, egal wie unangenehm, anstrengend oder herausfordernd sie ist?

DER WIRKSTOFF IST DER ZWEIFEL!

Darum: Zweifle! Das bedeutet, systematische Fragen zu stellen, sich vom Mehrheitsdenken nicht einlullen zu lassen, kritisch nachzuhaken, statt die Umgebung durch die rosarote Brille zu betrachten. **Das ist ein anspruchsvolles Gewerbe, eben weil man seine eigene Wahrnehmung auf den Prüfstand stellen muss.**

Konstruktiver Zweifel ist dabei hilfreich, genau wie selbst zu denken und nicht alles nachzuplappern. Natürlich ist dieser Weg nicht bequem. Zweifel können die heile (Schein-)Welt gehörig ins Wanken bringen.

Es verlangt von uns die Bereitschaft, uns selbst und unsere liebgewonnenen Denk- und Verhaltensmuster zu hinterfragen. Doch genau das haben viele nie gelernt. Stand das etwa auf dem Stundenplan in der Schule? Na also!

Die rote Pille zu schlucken, bedeutet, neue Tatsachen zu erkennen, zu akzeptieren und letztlich danach zu handeln und zu leben. Das passiert nicht zufällig, wir müssen das wollen, sogar aktiv suchen.

DESHALB: SCHAU GENAU HIN. MACH ES DIR NICHT SO LEICHT. SUCHE NICHT NACH BEWEISEN FÜR DEINE THEORIE, SONDERN NACH DENEN, DIE IHR WIDERSPRECHEN.

Das ist anstrengend, ungewohnt und hat Nebenwirkungen: Wer sich entschließt, die Sicherheit der vertrauten Scheinwelt zu verlassen und die Dinge mit anderen Augen zu sehen, riskiert immer auch etwas: das Platzen von Illusionen, die sich als Verzerrung der Realität entpuppen. Davor haben viele Angst. Es stellt sie vor unbequeme Herausforderungen. Neue Sichtweisen hinterfragen uns. Mehr aber noch: Sie verändern uns. Ob wir wollen oder nicht.

«ZWEIFEL SIND UNBEQUEM, ABER GEWISSHEIT IST ABSURD.»

VOLTAIRE
FRANZÖSISCHER PHILOSOPH

FÜHRUNG
IN UNSICHEREN
ZEITEN *

* ODER GEWÄSSERN

Eines haben alle unsicheren Zeiten gemeinsam: Sie wecken Gefühle in uns, die wir nicht haben wollen: Verunsicherung, Angst, die Ungewissheit, wie es weitergeht. Wöchentliche Höchstwerte auf dem Apokalypsometer und Horrormeldungen aller Art verstärken den Wunsch nach Gewissheit in ungewissen Zeiten und einem starken Anführer mit Follow-me-Aura. Jemand, der die Zügel fest in den Händen hält und uns durch die schwierigen Zeiten hindurchführt. In einer instabilen und unübersichtlichen Lage ist die Versuchung groß, führungstechnisch einen Salto rückwärts zu machen und die Leute in engem Geschirr zu führen.

Doch auch wenn der Reflex verlockend erscheint, ist das keine gute Idee. Wer seine Leute nicht befähigt, eigenständig zu denken und zu handeln, wer weder die kulturellen noch die organisatorischen Voraussetzungen für selbstverantwortliches Arbeiten schafft, der wird zu den Verlierern gehören.

Wir brauchen in herausfordernden Zeiten nicht die Mentalität der Handlanger und Abarbeiter, sondern eine Grundeinstellung der selbstbewussten Eigenverantwortung.

Führungskräfte, die sich Mitarbeiter wünschen, die Ideen entwickeln, beherzt um die Ecke denken und selbstverantwortlich Dinge vorantreiben, müssen aber erst einmal die Bedingungen dafür schaffen. Das wichtigste Arbeitsfeld der

Führungskraft ist es, den eigenen Leuten den Weg freizumachen. Das fordert von der Führung, dass sie den Mitarbeitern vertraut. Und es fordert von den Mitarbeitern, dass sie zu einem erwachsenen Umgang mit Freiraum und Selbstverantwortung willens und fähig sind.

Natürlich gibt es auch Leute, die froh sind, wenn ihnen stets ein fester Rahmen, klare Anweisungen und eine Checkliste vorgegeben werden, die sie abarbeiten können. Daran muss sich nichts ändern. **Zum selbstbestimmten Umgang mit Freiheit gehört auch, dass Menschen sich entscheiden, die Freiheit NICHT in Anspruch zu nehmen. Doch auch diese Leute leben davon und behalten nur dann ihre Jobs, wenn neue Ideen für die Zukunft entwickelt werden und ihre Organisationen Antworten für eine sich verändernde Welt finden.** Gerade diejenigen, die Vorgaben und Sicherheit für sich fordern, sollten allergrößtes Interesse daran haben, dass ihre Führung nicht aus Status-quo-Verwaltern besteht, sondern aus innovativ denkenden Gestaltern.

ABNICKER

Was also macht gute Führung aus? Bei der Suche nach dem Wesentlichen bringt uns Peter Drucker, der Über-Vater aller Managementvordenker, auf eine erste Spur. Von ihm gibt es eine Aussage, die gerade mal mit einem guten Dutzend Wörtern auskommt und prägnant den Unterschied zwischen Management und Führung auf den Punkt bringt:

«MANAGEMENT BEDEUTET, DIE DINGE RICHTIG ZU TUN. FÜHRUNG BEDEUTET, DIE RICHTIGEN DINGE ZU TUN.»

Management setzt um, konzentriert sich auf das Gegenwärtige. Das ist in Krisenzeiten dominant ausgeprägt, weil Kontrollverlust und Unsicherheit den Alltag bestimmen. Das Krisenmanagement erfordert, viele Akut-Maßnahmen umzusetzen, um das Unternehmen durch die existenzielle Herausforderung zu steuern: Kosteneinsparungen, Kredite, Kurzarbeit – das «klassische» Instrumentarium. Entsprechend groß ist die Gefahr, vor lauter Krisenmanagement die Zukunft aus den Augen zu verlieren. Das ist gefährlich, da sich in einer Krise auch die Märkte neu strukturieren und Mitbewerber vom Markt verschwinden oder ihre Strategien verändern. Die Zeit nach der Krise so weit wie möglich gedanklich vorwegzunehmen und dafür die Weichen zu stellen, das ist nicht Management-, sondern Führungsaufgabe. Dazu braucht es die Fähigkeit, die richtigen Dinge zu tun. Ohne Führung gerät die Zukunft nach der Krise aus dem Blick.

Wenn wir Druckers Feststellung mit einer Aussage von John P. Kotter, einem weiteren Silberrücken der Managementlehre, ergänzen, dann wird der Unterschied zwischen Management und Führung noch klarer: Kotter definiert **Führung als Fähigkeit, Menschen eine Zukunftsvision aufzuzeigen und sie zu inspirieren, diese entgegen aller möglichen Widerstände zu verfolgen.**

Im Vergleich zu Drucker kommt bei Kotter ein weiterer Aspekt hinzu: Führung muss vorangehen. Um das zu tun, benötigt Führung ein Bild von der Zukunft, also die Vorstellung von dem, was erreicht werden soll. Führungsaufgabe ist dann, die Vision mit den Aktivitäten der Mitarbeiter in Einklang zu bringen.

Das ist eine extrem anspruchsvolle Aufgabe. Wer davon faselt, dass Führung an Bedeutung verloren habe, weil Statussymbole verschwinden und Hierarchien flacher werden, könnte mit seiner Einschätzung nicht mehr daneben liegen. Ja, die alte Hackordnung löst sich auf und mit ihr auch die äußerlichen Attribute der Macht, aber an der grundlegenden Bedeutung von Führung hat sich nichts geändert. Ganz im Gegenteil: Führung ist in einer unberechenbaren und volatilen Welt wichtiger denn je.

Was hingegen auf den Prüfstand gehört, ist alte Maschinenlogik der hierarchischen Unternehmensleitung verbunden mit den Begrifflichkeiten des klassischen Machtinstrumentariums: Chef, Boss, Vorgesetzter. Passen diese Titel überhaupt noch? In ihrer klassischen Auslegung eher weniger. Und wie ist es mit dem derzeit recht modischen Begriff des Entscheiders?

In Unternehmen müssen selbstverständlich Entscheidungen getroffen werden und das Wohl und Wehe des Unternehmens hängt im Wesentlichen von der Qualität der Entscheidungen ab. Gut. Das bedeutet aber nicht, dass Führungskräfte alles selbst entscheiden müssen. Ganz im Gegenteil: Wer jede Entscheidung selbst trifft, hat zwar das wohlige Gefühl, dass ohne ihn nichts läuft, kommt aber nicht zum Wesentlichen. Führungskräfte tun also gut daran, Entscheidungen abzugeben. Das setzt Vertrauen in die Fähigkeiten des Teams voraus, was wiederum eng mit dem Selbstvertrauen des Chefs zusammenhängt, die richtigen Leute auf den richtigen Positionen zu haben.

«Wenn Sie glauben, dass die Menschen im Grunde gut sind und wenn Ihre Organisation in der Lage ist, gute Leute einzustellen, dann haben Sie nichts zu befürchten, wenn Sie Ihren Mitarbeitern Freiraum geben.»
Laszlo Bock, ehemaliger Personalchef von Google

Für Chefs bedeutet das: Lernt loszulassen! Ihr könnt nicht jede Entscheidung selbst treffen oder immer das letzte Wort haben! Das ist kontraproduktiv und bindet Kräfte, die eigentlich ganz woanders eingesetzt werden sollten. Gute Führungskräfte sind da, wo die Schatten am längsten sind – also dort, wo es herausfordernd ist und die Weichen für die Zukunft gestellt werden. In allen anderen Bereichen heißt es, Abschied nehmen vom Irrglauben, immer alles abnicken zu müssen.

MIT VERTRAUEN IN DIE VORLEISTUNG GEHEN

Das Zauberwort heißt V-e-r-t-r-a-u-e-n. Viele Organisationen machen gerade jetzt auf diesem Feld einen großen Sprung – nicht immer ganz freiwillig, sondern aufgrund der besonderen Umstände: Mitarbeiter arbeiten von zuhause aus und permanente Kontrolle ist gar nicht möglich. Führungskräfte müssen ihren Mitarbeiter einfach vertrauen, es bleibt ihnen nichts anderes übrig.

Schauen wir uns die Sache mit dem Vertrauen mal genauer an. Sie hat zwei Aspekte:

Erstens: **Die eine Seite ist bereit, sich zu öffnen**, weil die andere Seite als *vertrauens-würdig* angesehen wird. Das funktioniert in etwa so wie bei der beliebten Fallen-Lassen-Übung, wo Menschen sich nach hinten fallen lassen, im

Vertrauen darauf, dass sie sicher in den auffangenden Armen der Kollegen landen werden.

Zweitens: Das setzt einen **Vertrauensvorschuss** in die positiven Absichten der Mitmenschen voraus. Das ist nicht zu verwechseln mit blindem Vertrauen. Es muss klare Regeln geben und Mitarbeiter müssen sich sicher sein können, dass schädliches Verhalten nicht toleriert wird. Aber diese Regeln sind wie Leitplanken, die sicherstellen, dass man in eine gemeinsame Richtung unterwegs ist. Innerhalb dieser Leitplanken verzichtet man bewusst auf dezidierte Anweisungen und enge Kontrollen und vertraut auf die Urteilskraft der Menschen, basierend auf der Annahme, dass die große Mehrheit Gutes im Interesse des Unternehmens bewirken will.

Wenn wir darüber mit Führungskräften sprechen, hören wir an dieser Stelle immer wieder: «Alles richtig, aber was ist mit denjenigen, die mit dem Vertrauensvorschuss nicht umgehen können? Die bewusst alles zu ihren Gunsten interpretieren und die Ziele der Organisation hinten anstellen?»

Unsere Antwort: Du hast die Wahl.

Natürlich kannst du den Großteil deiner Energie auf die Minderheit der Mitarbeiter fokussieren, die sich mit dem Vertrauensvorschuss schwertun und ihn möglicherweise zu Ungunsten des Unternehmens interpretieren. Aber dafür ist ein hoher

Preis fällig: Du wirst auf diese Weise deutlich mehr positives Verhalten erschweren, als negatives Verhalten tatsächlich verhindern.

Ist das wirklich die Bilanz, die du haben willst?

Unsere Haltung: Konzentriere dich darauf, positives Verhalten, das das Vertrauen rechtfertigt, zu erleichtern und zu unterstützen. **Das ist auch ökonomisch sinnvoll, denn Kontrolle ist nicht nur zeitaufwändig und teuer.** Sie macht eine Organisation auch langsam. Und sie funktioniert niemals perfekt, weil immer Schlupflöcher bleiben. Wer versucht, alle Schlupflöcher zu schließen, geht entweder pleite oder erstarrt – weil jede zusätzliche Kontrollmaßnahme weitere Kontrollmaßnahmen nach sich zieht.

DER WEG DER VERÄNDERUNG

Eingeschliffene Führungsmuster zu verändern, ist langwierig. Also braucht es Hartnäckigkeit und Ausdauer. Und Durchsetzungskraft, denn die Komfortzonenbewohner, Denkbürokraten und Vorrechteverteidiger werden Widerstand leisten. Das ist schon mal sicher. Auf diesem Weg wird nicht nur die eine oder andere Führungskraft aussteigen, sondern auch der eine oder andere Mitarbeiter. Wer bleibt, der wird nicht nur einmal erleben, was es bedeutet, die eigene Rolle neu zu definieren und aus der eigenen Komfortzone herausgestoßen zu werden.

Und was das Ganze noch herausfordernder macht: Es gibt keine Pausen und keine Ziellinie, die du erreichen kannst, um dann erst einmal zu verschnaufen. In einer volatilen Welt voller Herausforderungen und Unwägbarkeiten ist es eine Reise, die nie zu Ende geht. Das ist auch der Grund, warum uns die in Deutschland überaus beliebte Aussage, dass wir erst einmal «alle Leute ins Boot holen müssen», unendlich nervt. Wer darauf wartet, dass auch der letzte Bedenkenträger für den Einstieg ins Boot bereit ist, läuft Gefahr, dass das Boot schon längst abgelegt hat. Ohne sie. **Die Zukunft wartet nicht, bis alle dafür bereit sind. Sie ist längst da.**

EIN NEUES BETRIEBSSYSTEM FÜR ORGANISATIONEN

Lean Management, Soziokratie, Holacracy, das demokratische Unternehmen, autonome Arbeitsgruppen, New Work, partizipative Führung und so weiter. Die Vielzahl der herumwabernden Begriffe und Parolen zeigt zumindest, dass die Zeit reif ist für ein neues Betriebssystem für Führung und Zusammenarbeit. Die große Bandbreite an Initiativen und Ansätzen zeigt aber auch, dass es kein richtig oder falsch gibt, sondern dass jede Organisation eingeladen ist, den für sich passenden Ansatz zu finden.

Es geht dabei keineswegs darum, alles Bewährte über Bord zu werfen und alles Neue als Heilsbringer auszurufen. Das wäre zu radikal und auch zu einseitig! Es geht vielmehr darum, das bestehende System, das immer noch in weiten Teilen sehr hierarchisch und top-down geführt wird, deutlich zu modernisieren und mit passenden neuen Elementen zu ergänzen.

Aber was konkret sind die **neuen, zeitgemäßen Elemente der Führung, die es jetzt wert sind, genauer unter die Lupe genommen zu werden? Wir haben folgende sechs Aspekte identifiziert:**

→ Die provokative Kompetenz
→ Den Störauftrag der Führungskräfte
→ Die vier Stufen der Selbstverantwortung
→ Die Entregulierung
→ Das Nicht-Kümmer-Gebot
→ Das Schließen der Superhühnerzuchtstationen

06

FÖRDERE PROVOKATIV KOMPETENZ

> **«Provokation ist ein Prinzip der Lebendigkeit.»**
> Michel Piccoli,
> *französischer Schauspieler*

Es ist nur ein Nebensatz, den wir im Briefinggespräch mit dem Unternehmenschef hören, aber der hat uns elektrisiert. Allerdings musst du schon genau hinhören: «... und deshalb will ich – egal in welcher Abteilung – Fachleute, die gleichzeitig auch Herausforderer sind, die den Status quo permanent hinterfragen.»

Also nicht die übliche Entweder-oder-Rhetorik: Nicht nur Fachkräfte ODER Herausforderer – sondern BEIDES. In einer Person.

Was genau ist diese Herausforderer-Eigenschaft? Der amerikanische Jazz-Pianist und Managementprofessor Frank Barrett hat dafür in seinem lesenswerten Buch *Yes to the Mess* einen Begriff kreiert. Er nennt das: provokative Kompetenz.

Provokative Kompetenz ist die Fähigkeit, die Dissonanz zu erzeugen, die Menschen dazu veranlasst, sich von gewohnten Positionen und repetitiven Mustern zu verabschieden. Es bedeutet, bewusst Strukturen aufzubrechen, um neue Ordnung entstehen zu lassen.

Aber Vorsicht! Es ist nicht so schlicht. Einfach-nur-dagegen-aus-Prinzip ist nicht gemeint. Es kommt auf das Sowohl-als-auch an:

1. **Es genügt nicht, NUR kompetent zu sein.** Wer einfach nur kompetent ist, liefert durchschnittliche, solide, fachlich untadelige Arbeit, die absolut okay ist, aber eben auch nicht mehr. Diese solide Arbeit fällt nicht weiter auf, gestaltet nichts und hinterlässt keine Spuren – nicht im Team und schon gar nicht bei den Kunden.

2. **Es reicht auch nicht aus, NUR provokativ zu sein.** Hier vergisst das Hinterfragen seinen Zweck, wird zum Selbstzweck und dient nicht mehr der Sache selbst.

Es geht also darum, die Dualität anzunehmen: **KOMPETENT zu sein – gründlich, geschäftsorientiert, verantwortungsbewusst. Und gleichzeitig PROVOKATIV – herausfordernd, hinterfragend, überraschend, kreativ.**

Provokative Kompetenz ist sehr viel mehr als nur eine Metapher. Es ist eine Methodik, die ganz konkret in der Führungsarbeit anwendbar ist. Und zwar in drei Schritten:

STEP 1: **Ein positiver Schritt.** Es ist Führungsaufgabe, Menschen zu ermutigen, sich aus der Deckung zu wagen und zu hinterfragen, mitzudenken und Ideen zu äußern. Diese Ermutigung braucht es unbedingt. Führung bedeutet Um- und Neudenken zu stimulieren. Es bedeutet, die Denk- und Belastungszone des Teams über das Bekannte und Vorstellbare hinaus auszudehnen. Wenn es gut geht, entsteht neuer Spielraum. Wenn nicht, fliegt man krachend aus der eigenen Komfortzone.

STEP 2 : Das bewusste Unterbrechen von Routinen. Wertschöpfung entsteht nicht dadurch, dass wir alte Muster immer wieder abspulen, sondern neue Muster erkennen und Antworten auf herausfordernde Fragen finden. Wichtig: Es geht darum, Routinen gerade so viel zu stören, dass es anregt und nicht verstört. Führungskräfte, die versuchen, ständig provokant zu sein, nerven und werden schließlich irgendwann ignoriert. Tempo und Timing sind also entscheidend.

STEP 3 : Situationen schaffen, die Aktivität erfordern. Mitarbeiter sollen sich aktiv einmischen, etwas ausprobieren und dabei entdecken, dass sich dem «Gehenden der Weg unter die Füße schiebt», um es mit Martin Walser auszudrücken. Bei der Software-Schmiede Basecamp aus Chicago heißt es beispielsweise: «Du denkst, du kannst es besser? Okay, leg los!» – und so wechselt bei Basecamp der Teamleiter jede Woche. Weil so jeder Einzelne die Chance bekommt, seine Ideen auszuprobieren und umzusetzen. Weil so jeder kapiert, warum Dinge auf die eine oder andere Art gemacht werden müssen. Und weil so auch jeder mal Ansprechpartner für die Probleme der anderen ist.

Im Zentrum der Wertschöpfung stehen Mitarbeiter, die selbstbestimmt agieren, Routinen klug hinterfragen, konventionelle Erfolgsmuster attackieren, Denkgrenzen sprengen, neue Einsichten aufspüren, Experimente wagen, Misserfolge analysieren und wieder von vorn beginnen.

Provokative Kompetenz zu fordern und zu fördern ist in diesem Kontext keine idealistische Utopie, sondern nur folgerichtig.

STÖRUNG, JA BITTE!

> **«Im Business sind Routine und Dogma meine größten Feinde.»**
> Steve Jobs

Das Festklammmern an alten Denkroutinen führt geradewegs ins Abseits. Deshalb ist es so wichtig, die Beharrungsenergien zu entlarven und Veränderungswillen anzufeuern – nicht als Selbstzweck, sondern um Wachsamkeit und Dauerskepsis am Weiter-so zu ermutigen.

Wie das gelingt? **Indem Führungskräfte ihren Störauftrag annehmen.** Dazu gehört der Job, all die Das-geht-so-nicht Sprüche und die Das-haben-wir-immer-so-gemacht Phrasen auf die schwarze Liste zu setzen und angestammte Handlungsmuster, Überzeugungen und Routinen regelmäßig infrage zu stellen.

Das Ziel: Die Mitarbeiter veränderungsbereit zu machen und zu halten. Führungskräfte haben eine Art Weckfunktion, die die Wachsamkeit überall in der Organisation stärkt und die alten, gewohnheitsmäßig einrastende Routinen, die ihren Ursprung in der Vergangenheit haben, aufbricht.

Wie gelingt das? Mit Aktionen, mit denen nicht jeder rechnen kann und die die Organisation mit frischem Wind versorgen – die aber gleichzeitig noch handhabbar sind.

Denn die Wirkung dieser Störungen ist zweischneidig: Einerseits bewirken sie Veränderungen, ohne die keine Entwicklung und kein Wachstum möglich ist. Andererseits sind Störungen des normalen Betriebs alles andere als effizient, denn sie beeinträchtigen Prozesse und Strukturen, die bis dahin – zumindest ganz angemessen – funktioniert haben.

Wenn es um die Maximierung der kurzfristigen Gewinne geht, sind Störungen also Gift. Und deshalb sind sie insbesondere in Unternehmen, in denen das kurzfristige Quartalsdenken regiert, extrem unbeliebt. Obwohl das Topmanagement insgeheim weiß, dass das bewusste Hinterfragen von bewährten Erfolgsrezepten auf die Zukunftsfähigkeit des Unternehmens einzahlt, belässt man es dennoch gern beim rhetorischen Aufbruch zu neuen Ufern. Das ist die Krux an der Sache.

Störungen kosten Zeit, Geld und Energie – und bringen kurzfristig Unruhe. Sie erhöhen die langfristige Effektivität auf Kosten der kurzfristigen Effizienz. Daher müssen störungswillige Führungskräfte klug ausbalancieren zwischen den Einzahlungen auf das Zukunftskonto und den Abhebungen vom Gegenwartskonto des Tagesgeschäfts.

Eben beides, sowohl als auch, in einem ausgewogenen Verhältnis! Kein plattes Entweder-oder, sondern ein intelligentes Sowohl-als-auch.

08

VERPFLICHTE ZUM WIDERSPRUCH

TALK
OR GET
FIRED

> *«Niemand in meinem*
> *Unternehmen hat das Recht,*
> *seine Kritik zurückzuhalten!*
> Ray Dalio, *Unternehmer, Hedgefonds-*
> *Manager und Philanthrop*

Stell dir vor, du bist mit deinem Chef bei einem potentiellen Kunden und dein Chef vermasselt es. Und jetzt stell dir vor, dass du anschließend deinem Chef eine E-Mail sendest, in der du schreibst: «Lieber Chef, was Sie da heute produziert haben, das war totaler Mist. In der Schule wäre das eine 5 gewesen. So etwas darf bitte nicht noch einmal vorkommen!»

FRAGE 1: Würdest du das machen?

FRAGE 2: Was würde passieren?

Wer jetzt glaubt, diese E-Mail sei nur ein Gedankenexperiment und nicht real, der irrt sich. Exakt das ist bei Bridgewater passiert, dem größten Hedgefonds-Anbieter der Welt. Die E-Mail schickte der Mitarbeiter Jim Haskel seinem Chef Ray Dalio nach einem gemeinsamen Kundentermin. Und Jim fügte hinzu: »Sie waren überhaupt nicht vorbereitet, denn wenn Sie es gewesen wären, hätten Sie unmöglich so durcheinander sein können. In Zukunft würde ich Sie bitten, sich Zeit zu nehmen und sich vorzubereiten. Oder vielleicht sollte ich vorher sogar auf Sie zukommen und mit Ihnen reden, um Sie zu präparieren. Aber so etwas darf nicht noch einmal passieren!»

Uns ist völlig klar: In vielen Unternehmen würde der Absender einer solchen Mail ziemlich schnell und wenig freundlich dem Arbeitsmarkt zur Verfügung gestellt werden.

Bei Bridgewater läuft es anders: Anstatt seine Fehlleistung zu kaschieren, sie schönzureden oder den Absender der E-Mail zu attackieren, meldete sich der kritisierte Chef bei den anderen Teilnehmern des Kundentermins, berichtete ihnen von Jims Kritik und bat sie um ihr ergänzendes Feedback beziehungsweise um ihre Schulnote für seinen Auftritt beim Kunden. Er erhielt in der Tat auch von den anderen wenig schmeichelhafte Antworten, die die Kritik von Jim Haskel bestätigten.

Und was tat er jetzt? Er fasste die Rückmeldungen kurzerhand zusammen und leitete sie an alle Mitarbeiter weiter. An alle! Damit sie davon lernen konnten, sich nicht so schlecht auf einen Kundentermin vorzubereiten, wie er es getan hatte.

Wir finden das absolut bemerkenswert. Uns geht es dabei aber weniger darum, ob Ray Dalio eine besonders coole Socke ist, sondern darum, wie ein solch herausragend konstruktiver Umgang mit Kritik in einem Unternehmen überhaupt möglich ist. Also: Was ist da bei Bridgewater los, dass dort solche E-Mails verschickt werden?

Du ahnst es schon: Bridgewater hat eine sehr eigene und sehr besondere Unternehmenskultur, in der es eine Pflicht zum Widerspruch gibt: eine «Obligation to Dissent».

Ganz genau: **Es heißt nicht Recht zum Widerspruch, es heißt PFLICHT zum Widerspruch!**

Ray Dalio geht sogar so weit, dass er sagt: «Niemand in meinem Unternehmen hat das Recht, seine Kritik zurückzuhalten!»

Die Idee dahinter geht zurück auf Marvin Bower. Der war bei McKinsey von 1950 bis 1967 Managing Director. Er entwickelte das noch bis heute gültige Unternehmensleitbild des 1926 von James Oscar McKinsey gegründeten Beratungsunternehmens, in dem die Pflicht zum Widerspruch verankert ist: «Für alle Beraterinnen und Berater gilt die Pflicht zum Widerspruch: Konstruktive Kritik ist ausdrücklich erwünscht – ohne Rücksicht auf Hierarchien und Interessen.»

Neulich erlebten wir eine Anwendung genau dieser Idee in einem Meeting eines großen Mittelständlers, in dem es um die neue Führungsstrategie ging. Die Frage des Chefs, die er den Anwesenden stellte: «Welche Informationen deuten darauf hin, dass dies NICHT der richtige Weg ist?»

Wir beide tauschten Blicke: «Klar, eine rhetorische Frage ...»

Aber von wegen! Es entstand eine lebhafte Diskussion mit ausgesprochen kritischen Wortmeldungen. Immer konstruktiv, aber ein Blatt vor den Mund nahm niemand. Frei nach dem Motto: **Widerspruch ist kein Missstand, sondern nutzbares Potenzial.**

Genau das ist der Punkt: Kritische Selberdenker in den eigenen Reihen sind extrem wichtig. Nicht weil sie sich immer mit ihrer Meinung durchsetzen, sondern weil sie die Aufmerksamkeit und das Denken stimulieren, in neue Bahnen lenken und so letztlich die Entscheidungsqualität erhöhen.

Wackeldackel haben im Unternehmen nichts zu suchen: Niemand kann für das Unternehmen wertvoll sein, der automatisch mit dem Kopf nickt, wenn ein Chef etwas sagt.

Aber wir wissen natürlich, dass quer durch die Unternehmenslandschaft nur wenige Menschen den Mut haben, anderer Meinung zu sein und dies offen gegenüber Vorgesetzten zu kommunizieren, weil nur wenige Vorgesetzte dies auch tatsächlich schätzen. Und wer in einem Umfeld, in dem es nicht willkommen ist, versucht, dem Chef zu widersprechen, ist tatsächlich schlecht beraten.

Damit das funktionieren kann, braucht es drei Voraussetzungen – und zwar in dieser Reihenfolge:

1. Die ausdrückliche Pflicht zum Widerspruch

Allen muss klar sein, dass die bestmöglichen Entscheidungen gesucht werden. Um sie zu finden, müssen auch kritische Meinungen auf den Tisch. Damit das passieren kann, gibt es nicht nur das Recht auf eine abweichende kritische Meinung, sondern die offiziell ausgesprochene Pflicht, sie zu äußern. Das ist nicht misszuverstehen als Einladung an alle Krawallmacher, Meinungspupser, Dauerdemonstrierer oder Ich-bin-aus-Prinzip-dagegen-Typen, sondern es ist eine Aufforderung an alle, die eine abweichende Meinung haben und diese auch mit stichhaltigen Argumenten darlegen können.

2. Chefs, die Widerspruch akzeptieren

Starke Mitarbeiter gibt es nur dort, wo es starke Führungskräfte gibt. Wo sich Duckmäuser tummeln, findet man in den meisten Fällen einen autoritären und innerlich schwachen Chef. Führungskräfte sind nicht stark, wenn sie mit Widerspruch nicht umgehen können. Sie sind dann stark, wenn sie ein Umfeld schaffen, wo Menschen auch konstruktive Kritik üben. Das kennzeichnet erwachsene Menschen und eine Kultur des Vertrauens.

3. Mitarbeiter mit Mumm

Eine solche Kultur braucht mündige Kollegen. Menschen, die erwachsen sind und so behandelt werden möchten – und die reflektieren, hinterfragen, eine eigene Meinung haben und es konsequenterweise auch aushalten können, wenn sie selbst mit ihrer Meinung hinterfragt werden.

Okay, eines müssen wir hier allerdings klarstellen: Eine Pflicht zum Widerspruch ist keine einfache Sache. Nicht für Mitarbeiter und auch nicht für Chefs. Wer behauptet, überhaupt kein Problem damit zu haben, kritisiert zu werden oder in einer Argumentation zu unterliegen, der flunkert.

Die Wahrheit ist: Es braucht schon eine gewisse Resilienz, auf die Zähne zu beißen, das Krönchen zu richten und weiterzumachen. Aber es lohnt sich für alle Beteiligten! **Mit der Pflicht zum Widerspruch kommen die klügsten Köpfe zu den besten Entscheidungen. Die beste Idee zählt, egal wo sie herkommt – darauf kommt es an.** Aber das geht nur in einer Erwachsenenkultur, wo alle Beteiligten gefestigt genug sind, auf Augenhöhe miteinander zu reden.

09

DIE VIER STUFEN DER

SELBSTVERANTWORTUNG

> *«Verantwortung ist eine abnehmbare Last,*
> *die sich leicht Gott, dem Schicksal, dem Glück, dem*
> *Zufall oder dem Nächsten aufladen lässt.»*
> Ambrose Bierce, *Schriftsteller und Journalist*

In unseren Büchern, in unseren Vorträgen und in allem, was wir in den letzten zwanzig Jahren gemacht haben, geht es im Kern immer um eine Sache: weg von der Fremdbestimmung, hin zur Selbstbestimmung.

Selbstbestimmt entscheiden, handeln und frei sein, das klingt zunächst einmal super. In der ersten Begeisterung dafür wird jedoch eine Sache übersehen: **Selbstbestimmung erfordert, dass wir auch die Verantwortung übernehmen – für unser Handeln und für unser Unterlassen.** Das eine geht nicht ohne das andere.

Verantwortung zu übernehmen heißt, damit aufzuhören, mit dem Finger reflexartig auf andere zu zeigen. Auf den Chef, den Lebenspartner, die Grundschullehrerin in der dritten Klasse oder den großen Bruder, der dir in einer entscheidenden Phase deiner Entwicklung den Teddybären weggenommen hat. Mit anderen Worten: Du wirst keinen Schuldigen finden. Du wirst dich nicht empören können. Du wirst dich nicht dahinter zurückziehen können, dass irgendein anderer seiner Verantwortung nicht gerecht geworden ist.

Du bist gezwungen, mit dem Finger auf dich selbst zu zeigen. Und das ist der Zeitpunkt, an dem viele die Lust verlieren. **Freiheit braucht Menschen, die daraus etwas machen. Die Verantwortung für ihr Handeln und für ihre Entscheidungen übernehmen.** Und nicht nur das macht es für viele so schwierig.

Eine zusätzliche Herausforderung liegt in der **Anerkenntnis** der **Wahlfreiheit.** Selbstbestimmung bedeutet, sich bewusst zu sein, dass du praktisch alles, was ist, gewählt hast und somit jederzeit auch wieder neu wählen kannst. Den Chef, den du vielleicht hinter vorgehaltener Hand nicht für die hellste Kerze auf der Torte hältst, kannst du jeden Tag wählen oder auch abwählen. Zu dem Kollegen, der sich bei Verantwortung gern mal wegduckt, kannst du jeden Tag «Ja sagen – oder auch Nein». An dem Job, der dich langweilt, weil er wenig Raum für das Abweichen von Routinen bietet, kannst du festhalten oder aber nicht. Immer dann, wenn du dich dabei erwischst, über die nervigen Kollegen, den unterkompetenten Chef oder den lahmen Job zu schimpfen, solltest du ein wichtiges Detail nicht vergessen: Du. Hast. Es. Dir. Ausgesucht. Genau. So. Wie. Es. Jetzt. Ist. Ausrufezeichen!

Wem jetzt ein energisches Aber-aber-das-stimmt-doch-gar-nicht auf der Zunge liegt, sollte vielleicht mal kurz innehalten.

Fakt ist: **Wir wählen täglich. Unsere komplette Lebenssituation ist eine Folge unserer eigenen Entscheidungen der Vergangenheit.** Dein Chef? Deine Wahl! Deine Kollegen? Hast du dir ausgesucht. Dein Lebenspartner? Ist dir nicht zufällig zugeflattert. Dein Wohnort? Dein Fitnesszustand? Jede Entscheidung hat ihren Preis. Mal warst du bereit, den Preis zu zahlen und mal nicht. Das Ergebnis liegt in deiner Verantwortung.

Wenn wir darüber sprechen, hören wir immer wieder Variationen des ewig gleichen Einwands: «Wenn ihr wüsstet!», «Ihr habt gut reden!», «So einfach ist das bei mir nicht...» – Ja, ja.

Uns hat das zu Beginn ziemlich geärgert. Aber dann haben wir bei uns selbst ein wenig genauer hingeschaut und allmählich haben wir verstanden, dass unser Ärger vielleicht auch etwas überheblich war: Für Selbstverantwortung gibt es nämlich keinen An-aus-Schalter. Alle Menschen, uns selbst eingeschlossen, stehen in Bezug auf Selbstverantwortung auf unterschiedlichen Stufen.

STUFE 1: Der Machtlose
Der Machtlose will möglichst überhaupt keine Verantwortung übernehmen. Wenn er keine Anweisungen bekommt, wartet er, bis ihm jemand sagt, was er tun soll. Wenn etwas

schiefgeht, zeigt er mit dem Finger auf andere. Wenn er unzufrieden ist, beschwert er sich darüber und lässt es dabei bewenden. Das heißt: **Der Machtlose übernimmt partout keine Verantwortung.** Wenn er Verantwortung in die Hand gedrückt bekommt, fällt sie vorne an ihm runter. Solange er nur das machen muss, was er immer macht, ist alles gut. Wenn das Schicksal ihn in ein Umfeld befördert, das ihm mehr Freiraum und damit einhergehend auch mehr Selbstverantwortung zumutet, mutiert er zum Ausreden-Weltmeister. Er würde ja durchaus, so ist das nicht, aber es gibt halt unglaublich viele Umstände, weshalb es nicht geht. Diese Faktoren, argumentativ aufgeschichtet als Mauer an Hindernissen, werden dominant in den Vordergrund gerückt. Dadurch lässt sich der qualvolle innerliche Grenzübertritt von der Machtlosigkeit in die Selbstermächtigung vermeiden.

STUFE 2: Der Umsetzer

Menschen auf dieser Ebene sind bereit, im gewissen Rahmen Verantwortung zu übernehmen. Anstatt zu warten, bis man ihnen sagt, was zu tun ist, fragen sie, was sie tun sollen und tun es dann. **Ja, sie fragen auch mal nach.** Ansonsten handeln sie, wenn sie angesprochen oder aufgefordert werden. Wenn man ihnen eine Aufgabe überträgt, erledigen sie diese innerhalb der vorgegebenen Regeln und in der abgesprochenen Zeit. Wenn wir mit Führungskräften darüber sprechen, staunen wir oft, dass viele das schon absolut ausreichend finden. Als Führungskraft von treuen Soldaten umgeben zu sein, die ohne Widerworte das machen, was sie tun sollen. Erstaunlich. Für uns. Denn da bleibt unglaublich viel menschliches Potenzial auf der Strecke.

STUFE 3: Der Problemlöser
Die Haltung hier ist: «Ich werde innerhalb der bestehenden Strukturen so viel machen, wie möglich ist.» Der Problemlöser fragt nicht mehr, was zu tun ist, sondern sieht, was zu tun ist. Er übernimmt keine Tätigkeiten, sondern kümmert sich um komplette Aufgaben, inklusive dem Ergebnis. Er fühlt sich nicht als Teil der «Belegschaft» oder als «Angestellter», sondern als Teammitglied auf Augenhöhe. Er schnappt sich proaktiv Aufgaben, übernimmt freiwillig Verantwortung und kann damit auch umgehen. Zwischen Stufe 2 und 3 liegt ein wichtiger Schritt: Von der Sag-mir-was-zu-tun-ist-Haltung zur Ich-mache-alles-was-mir-möglich-ist-Haltung.

STUFE 4: Der Gestalter
Hier haben wir keine Mit-Arbeiter, sondern Mit-Denker und

Mit-Gestalter. Aus der Ich-mache-alles-was-mir-möglich-ist-Haltung wird eine Ich-werde-alles-tun-was-notwendig-ist-Haltung. Anstatt sich von existierenden Strukturen ausbremsen zu lassen, versuchen diese Menschen, Strukturen zu verändern, die sie daran hindern, die PS auf die Straße zu bringen. Nach unsinnigen Regeln zu spielen, weil es diese Regeln eben gibt, Beschäftigtsein simulieren oder bei internen Machtspielchen mitspielen – das alles interessiert die Gestalter nicht. Mit der Selbstverantwortung und dem Willen zur Gestaltung kommt Leidenschaft (sie kommt!) für die Sache. Außerdem, das sehen wir oft, verfügen sie über eine innere Freiheit nach dem Motto «Wenn die mich hier nicht wollen, weil ich Veränderung vorantreibe, dann finde ich eben ein Umfeld, wo genau das geschätzt wird.»

Drei Dinge sind uns in diesem Zusammenhang wichtig:

1. **Selbsteinschätzung.** Wie schätzt du dich selbst ein? Und zum Gegencheck: Wie würden dich Kollegen, Kunden und (falls vorhanden) Chefs einschätzen? Bist du damit zufrieden? Hast du dich im Lauf der Jahre entwickelt? Wenn ja: in welche Richtung?

2. **Die Unmöglichkeit des Delegierens**. Die bittere Wahrheit für Führungskräfte ist: Selbstverantwortung ist die

Entscheidung jedes Einzelnen. Sie kann nicht eingefordert werden. Wer keine Selbstverantwortung übernehmen will, wird sich immer wegducken.

Führungskräfte können Mitarbeiter auf den Weg bringen und ermutigen, mehr Selbstverantwortung zu übernehmen. Aber man kann niemandem Selbstverantwortung geben, der sie nicht will. Wer sie nicht will, wird sie niemals übernehmen. Die Verantwortung muss dann jemand anderes tragen, und sei es der Chef selbst.

Die Frage in jedem Unternehmen ist dann: Wie viel Verantwortung für die Selbstverantwortungskultur im Unternehmen übernimmt der Chef?

3. **Akzeptanz.** Menschen sind auf unterschiedlichen Stufen unterwegs. Wir beide schätzen uns selbst als Gestalter ein – aber nicht jederzeit und in jeder Sache. Und wir waren nicht schon immer auf dieser Stufe. Es ist eine Entwicklung, gepaart mit einem persönlichen Wertesystem, das der Selbstverantwortung eine sehr wichtige Rolle beimisst.

Führungskräfte, die das verstehen und akzeptieren, nehmen viel Stress aus der Beziehung und der Zusammenarbeit mit anderen Menschen. Hier sprechen wir aus Erfahrung: Akzeptanz hilft enorm! Mit dieser Erkenntnis könnt ihr dann versuchen, Menschen bei ihrer Weiterentwicklung zu unterstützen. Ein schönes Beispiel ist die WD-40 Company, die das bekannte Kriechöl in der blau-gelben Dose anbietet. Bei WD-40 legt man großen Wert auf eine **Kultur der Selbstverantwortung**. Die Überzeugung ist, dass eine solche Kultur Mikromanagement überflüssig und das Arbeiten angenehmer macht sowie bessere Ergebnisse für Kunden erzielen lässt. Dort nennt man das «The Maniac Pledge – das verrückte Versprechen».

DAS VERRÜCKTE VERSPRECHEN

«Ich bin selbst verantwortlich dafür, ins Handeln zu kommen, Fragen zu stellen, Antworten zu bekommen und Entscheidungen zu treffen. Ich warte nicht darauf, dass jemand mir sagt, was zu tun ist. Wenn ich etwas wissen muss oder will, dann frage ich. Ich habe kein Recht, mich darüber aufzuregen, dass ich die Antwort nicht früher bekommen habe. Wenn ich etwas tue, von dem andere wissen sollten, bin ich selbst dafür verantwortlich, es ihnen zu sagen.»

Dieses Mindset der Selbstverantwortung wird von der WD-40 Company gefordert. Darin sind sie sehr konsequent, denn sie sagen Bewerbern frei heraus: **«Wenn du dieses Mindset nicht**

hast: Bewirb dich nicht bei uns, denn dann bist du bei uns am falschen Platz.»

In einer solchen Umgebung gehen die Mitarbeiter auf Stufe 1 (Die Machtlosen) und Stufe 2 (Die Umsetzer) nach und nach von selbst, Mitarbeiter auf Stufe 3 (Die Problemlöser) und Stufe 4 (Die Gestalter) springen auf. Ein solcher Kulturwandel braucht Zeit, aber mit jeder Neueinstellung wird es besser.

(10)

KILL
A STUPID
RULE!

«*Dieser Irrgarten der Bürokratie erinnert mich an Hotel California: Du kommst rein, aber kommst nie wieder raus.*»
John Kasich, *ehemaliger Gouverneur von Ohio, über die Europäische Union*

In so mancher Organisation ist alles bis ins letzte Detail geregelt, um sicherzustellen, dass alles konform zu den Vorgaben und Vorschriften läuft. Das mag der Führungscrew das beruhigende Wissen geben, alles unter Kontrolle zu haben, aber es hat eine toxische Wirkung.

Dahinter steht die unausgesprochene Unterstellung, dass Mitarbeiter alles, was nicht peinlichst genau geregelt ist, hemmungslos zu ihren Gunsten auslegen. Es handelt sich also um **ein Misstrauensvotum und eine konstante Demütigung all jener Mitarbeiter, die Gutes im Interesse des Unternehmens bewirken wollen.**

Wenn wir mit Führungskräften darüber sprechen, erleben wir oft, dass die Probleme einer solchen Erniedrigungsbürokratie zwar für andere Unternehmen oder andere Bereiche erkannt werden, man aber der Meinung ist, dass es im eigenen Bereich dramatisch besser sei. Unser Vorschlag: Stell einfach mal einer Handvoll Mitarbeitern auf den unteren Stufen der Hierarchie folgende Frage:

«Wie hoch schätzt ihr den Verregelungsgrad in eurem Bereich / Abteilung / Unternehmen ein – auf einer Skala von eins bis zehn?»

Eins bedeutet dabei extrem große Freiräume mit nur sehr wenig Verregelung, zehn bedeutet sehr hohe Regulierung aller möglichen Bereiche. **Wenn das Votum der Mitarbeiter bei sechs oder höher liegt, ist es allerhöchste Zeit etwas zu tun.** Denn ein hoher Verregelungsgrad hemmt nicht nur Innovation, Kreativität und Geschwindigkeit, sondern behindert Mitarbeiter sogar noch, sich um den wichtigsten Menschen im Unternehmen zu kümmern – den Kunden.

Verregelung ist eine Form der Ablenkung vom Kunden. Mitarbeiter beschäftigen sich nicht mit dem Wertschöpfenden, sondern hingebungsvoll mit dem Erfüllen von Regeln und dem Ausfüllen von Kontroll- und Checklisten. Oder anders gesagt: Das Unternehmen kreist um sich selbst. Bürokratismus, Projekte ohne direkten Kundenbezug, Nabelschau in Reports, CC-Wahn bei den Mails, Cover-your-ass-Mentalität, Verantwortungsabschieberei, Dokumentationsirrsinn, der unglaublich viel Zeit frisst und keinerlei Mehrwert erzeugt. Alles in allem: Der regelrechte Wahnsinn!

Deshalb sind diese Fragen elementar, um diese Dauerschleife des Um-sich-selbst-Kreisens zu durchbrechen:

→ Was kann radikal vereinfacht werden?
→ Was kann abgeschafft werden?
→ Was ist überflüssig?
→ Was kann weg?

Du brauchst eine Machete, um die erste Schneise in den Ver-regelungsdschungel zu schlagen und den Befreiungskampf zu beginnen. Eine solche Machete heißt: KILL A STUPID RULE.

Die Frage dabei lautet eben genau nicht: Was können wir machen, damit ...? Sondern im Gegenteil: **Womit ist ab sofort Schluss?**

Diese Übung kannst du mit allen Mitarbeitern einer Organi-sation oder mit einer Abteilung oder einfach nur mit einem Team machen. Die Frage an alle Beteiligten lautet: Wenn du all die dummen Regeln killen oder ändern könntest, die dei-ne Arbeit behindern oder der Wertschöpfung für deine Kun-den im Weg stehen, welche wären das?

Unserer Erfahrung nach öffnet diese Frage eine Schleuse: Den Teilnehmern fallen so viele Dinge ein – redundante Pro-zesse, überflüssige Regeln, dumme Formulare, unnötige Be-richte und so weiter und so fort.

Unser Tipp: Wenn du diese Frage stellst, lass es einfach laufen. Gib den Leuten Zeit, aber erinnere sie daran, dass es nicht darum geht, externe Gesetze und Verordnungen zu identifizieren, die einfach nicht zu verändern sind, sondern **explizit um Hausregeln.**

Wenn die «Stupid Rules» aufgelistet sind, markierst du im ersten Schritt die Top 5 der unnötigsten, ärgerlichsten Hausregeln, die am meisten nerven. Dann legst du eine Matrix drüber.

Eine Achse stellt den Schwierigkeitsgrad der Implementierung dar (von einfach bis kompliziert) und die andere den Wirkungsgrad (von niedrig bis zu hoch), den das Abstellen dieser Regel hat. Und dann starte mit den Regeln im Quadranten oben rechts, also allen Regeln, die einfach abzuschaffen sind und eine hohe positive Wirkung davon zu erwarten wäre. Und dann: Geh es an.

DEINE MITARBEITER WERDEN AUFATMEN

EURE KUNDEN AUCH!

(11)

WARUM KÜMMERER VERKÜMMERTE PRODUZIEREN

> *«Die Friedhöfe sind voll von
> unentbehrlichen Männern.»*
> Charles de Gaulle, *ehemaliger
> französischer Staatspräsident*

Es war wie in einer Realsatire. Einfach nur schräg, befremdlich und skurril. Wir holten unseren Mietwagen bei einem Vermieter in Bayern ab. Das Ausfüllen des Papierkrams betreute der Chef persönlich. Aber leider schaffte er es kaum zur Schlüsselübergabe, weil ständig ein Mitarbeiter reinplatzte und etwas von ihm wollte:

*«Kruzifix, ich finde die Vertragsunterlagen von Schnick-
Tec nicht. Wo soll ich denn noch überall suchen?»*
*«Wie soll ich denn die Rechnung ausdrucken? Können
Sie mal schauen ... der blöde Drucker funktioniert schon
wieder nicht.»*
*«Himmi, Herrgott, Sakrament. Jetzt ist der Schlüssel
von der C-Klasse wieder weg. Wie soll ich denn jetzt die
Plaketten abholen?»*

Wer uns genervt hat, waren nicht in erster Linie die Mitarbeiter, sondern der Chef! Denn er hatte seine Leute zur Unselbständigkeit und zum Dauerfragen erzogen. Auf unsere Kosten. Das Interessante aber ist: Wenn du erst einmal den Blick für derartige Hilflosigkeits-Rollenspiele geschärft hast, wirst du sie überall bemerken. Nicht nur zwischen Chef und Mitarbeitern, sondern auch zwischen Eltern und Kindern oder zwischen den Partnern in einer Beziehung.

Was daran so nervig ist: Mindestens die Hälfte der Fragen, die in solchen Gesprächen aufkommen, sind schon mal gestellt worden! Und zwar nicht vor drei Jahren, sondern vor drei Wochen oder manchmal sogar erst vor drei Tagen oder vor drei Stunden.

Woran liegt das? Wieso stellen vernunftbegabte Menschen immer wieder die gleichen Fragen? Warum ist die Hilflosigkeit häufig so groß?

Wir versuchen uns mal an einer Erklärung. Zuerst aus der Perspektive des Fragestellers: Fragen ist bequem. Wer fragt, statt selbst zu versuchen, das Problem zu lösen, entzieht sich der Verantwortung. Die wird auf subtile Art dem Adressaten der Frage aufgebürdet. Je öfter dieses Rollenspiel funktioniert, desto mehr verstärkt sich dieses Verhalten. Hat funktioniert. Wird wieder funktionieren. Eigentlich ganz verständlich und nachvollziehbar.

Aber das eigentliche Problem liegt bei demjenigen, der die Soll-ich-Frage beantwortet! Er begünstigt und fördert genau dieses Verhalten und zimmert so eine Abhängigkeit zu-sammen.

Um es ganz klar zu sagen: Nicht jeder, der eine Frage stellt, ist automatisch ein Verantwortungsabschieber. Und nicht jeder, der ab und zu mal eine Frage beantwortet, ist deshalb schon ein pathologischer Kümmerer. Wir haben nicht das Geringste gegen solidarische Unterstützung. Problematisch wird es immer dann, wenn es zum Dauerzustand wird.

Beim solidarischen Helfen geht es um die Bedürfnisse des Gegenübers – bei der Helfen-immer-überall-Variante stehen die Bedürfnisse des Helfers im Vordergrund. Und das ist zutiefst egoistisch. Hart, aber wahr? Nein: hart, also wahr.

Dem Helfer im Dauereinsatz bringt sein Verhalten selbst am allermeisten. Es fühlt sich einfach gut an, die Anlaufstelle für alle Fragen zu sein, immer im Mittelpunkt des Geschehens zu stehen. Die Inszenierung als helfender Retter zum Wohle der anderen ist Balsam für die Seele. Der Kümmerer gefällt sich in dem Ruf, fürsorglich, sympathisch und stets hilfreich zu sein. Er oder sie passt ständig auf, dass anderen nichts passiert. «Hast du auch daran gedacht, dass…?» «Vergiss nicht XYZ…» «Ich mach das schon…» «Du hast das doch noch nie alleine gemacht, lass mich mal…»

Das führt zu einer Reihe von Problemen:

Erstens: Es wird Verantwortung übernommen für andere, ohne dass es klar abgesprochen wurde. Das ist nicht fürsorglich, sondern übergriffig. Oftmals ist das dem helfenden Retter gar nicht bewusst. «Ich habe es doch nur gut gemeint!» ist ein Satz, der dann von dem «Wohltäter» zu hören ist. Aber wie so oft im Leben gilt auch hier: **Gut gemeint ist das Gegenteil von gut.**

Zweitens: Was unter dem Deckmantel der Fürsorge daherkommt, zielt bei genauerer Betrachtung auf den eigenen Vorteil. Denn heimlich liebt der Kümmerer im Dauereinsatz die eigene Unersetzlichkeit. Er fühlt sich gebraucht. Um es deutlich zu sagen: Fürsorge versorgt vor allem den Fürsorger. Und falls der Fall eintritt, dass der Bekümmerte die Hilfe ablehnen sollte, ist der Kümmerer keineswegs erleichtert, sondern sieht sich blitzschnell nach neuen Hilfsempfängern um.

Drittens: Es lässt Menschen und Organisationen unterhalb ihrer Möglichkeiten agieren. Es mag persönlich in Ordnung sein, wenn der Kümmerer bereit ist, den Preis der eigenen Unentbehrlichkeit zu zahlen. Es ist allerdings nicht in Ordnung für Unternehmen oder Familien oder Paarbeziehungen. Weil diejenigen, die am empfangenden Ende des ständigen Helfertums stehen, weit unterhalb ihrer Möglichkeiten bleiben. Um es konkret auf die Situation in Unternehmen zu beziehen: Übergriffige Fürsorge infantilisiert Mitarbeiter. Sie werden auf die Stufe der Unmündigkeit degradiert, anstatt als Partner auf Augenhöhe angesehen zu werden, deren Autonomie und Problemlösungskompetenz respektiert und gefördert wird.

Die toxische Nebenwirkung findet sich auf dem Beipackzettel des Kümmerns: **Kümmerer produzieren Verkümmerte!**

Um Missverständnissen vorzubeugen: Menschen, die sich selbst nicht helfen können, verdienen Unterstützung. Aber wir reden hier ganz klar von einer Minderheit und nicht der Mehrheit der Menschen. Wer also den Zeigefinger erhebt und unterstellt, dass mit unserer vorangestellten Argumentation sämtliche Hilfe und Unterstützung für alle Menschen aufgekündigt sei, hat entweder nichts verstanden oder will nicht verstehen.

Unser Kritikpunkt ist ein anderer: Es geht darum, dass die Hilfe und Unterstützung pars pro toto allen übergestülpt wird. Das ist nicht nur anmaßend, sondern auch zutiefst negativ in seiner Wirkung: Der Verkümmerte, auch bekannt unter dem Namen Mitarbeiter beziehungsweise Ehepartner, Kind (Passendes bitte einsetzen) beginnt, Selbstverantwortung abzuladen. Anstatt eigenständig ein Problem zu lösen, lädt er die Eigenverantwortung beim Kümmerer ab. Die Folge: Er oder sie bleibt unselbstständig und abhängig von der dauernden Hilfestellung und wird sogar in diesem Verhalten noch bestärkt. «Ich kann ja mein Problem nicht allein lösen.»

Wirklich grotesk wird es dann, wenn sich der Kümmerer dann aber noch über den mangelnden Willen seiner Leute beklagt: «Alles muss man selber machen!» – Willkommen in Absurdistan.

Führung mündiger Menschen sieht anders aus. Der Anspruch sollte sein, dem anderen zu zeigen, dass es in seiner Macht steht, ein Problem zu lösen. Wir gehen sogar so weit zu sagen: Er hat ein Recht darauf zu lernen, wie man ein Problem löst. Führung ist die Pflicht, zu Selbstverantwortung und Selbstvertrauen zu ermutigen. Führung ist das freiwillige Zurücktreten mit dem Ziel, dem anderen den Freiraum zu geben, um seine Problemlösungskompetenzen zu stärken und zu entfalten.

Darum: Wer mit «Enablern» die Zukunft gestalten will, sollte Menschen niemals ver-kümmern! Erwachsen zu sein heißt, nicht nur unsere eigenen Abhängigkeiten aufzulösen, sondern es auch niemandem erlauben, von uns abhängig zu bleiben.

SCHLUSS MIT DEN SUPERHUHN ZUCHTSTATIONEN

> «Ich würde niemals
> ein Arschloch, das überragend
> kicken kann, verpflichten.»
> Jürgen Klopp, *Fußballtrainer*

Warum arbeiten die Leute in manchen Teams ausgezeichnet zusammen und warum funktioniert es anderswo nicht? Wie machen die starken Teams das? Haben die konsequent nur die Besten der Besten eingestellt? Oder sind es doch eher die Strukturen, die super funktionieren und die die Mitarbeiter so glänzen lassen?

Eine interessante Antwort findet sich in einem Experiment, das der Evolutionsbiologe William Muir an der Purdue University im US-amerikanischen Bundesstaat Indiana durchgeführt hat ... und zwar mit Hühnern.

Die Produktivität von Hühnern kann man im Gegensatz zur Produktivität von Menschen ziemlich leicht messen. Nämlich mit Hilfe der Anzahl der gelegten Eier. Um herauszufinden, was Hühner produktiver macht, machte Professor Muir folgendes Experiment: Da Hühner natürlicherweise in Gruppen leben, bildete er zwei unterschiedliche Gruppen: In der ersten Gruppe versammelte er durchschnittliche Hühner und in der zweiten Superhühner.

Für die Gruppe der Superhühner wählte er gezielt die Höchstleisterinnen aus, also die produktivsten Hühner, die die meisten Eier legten. In der Gruppe der Superhühner pflanzten sich also nur die produktivsten Exemplare fort. Bei den Durchschnittshühnern hingegen gab es keine Selektion: Sie konnten sich unabhängig von ihrer Produktivität fortpflanzen.

Nach sechs Generationen ergab sich ein überraschendes Bild: Die Gruppe der durchschnittlichen Hühner war gesund, vollgefiedert und mit einer höheren Leistung im Vergleich zur ersten Generation. Ganz anders sah es bei der Gruppe der Superhühner aus: Dort waren nur drei am Leben geblieben. Alle anderen waren zu Tode gepickt worden.

EINER GEGEN ALLE

Die höhere Produktivität der Superhühner ging einher mit der Fähigkeit, sich gegen andere durchzusetzen. Die gezielte Selektion verstärkte die Aggression und das Konkurrenzverhalten dann noch einmal von Generation zu Generation. **Wer sich also im ständigen Konkurrenzkampf befindet, setzt sich zwar auf individueller Ebene durch, schadet aber der Gruppe als Ganzes.**

Das Super Hühner-Experiment legt den Finger in die Wunde: In einer Kultur der individuellen Höchstleistung wird der

Konkurrenzkampf befördert – und es entstehen dysfunktionale Teams.

Was wir in Unternehmen sehen, ist geradezu paradox: Da werden Höchstleister ausgewählt, eingestellt, protegiert und bonifiziert, es gibt Rankings und jede Menge gezielten internen Wettbewerb. Und wenn sich das dann in schlechter Zusammenarbeit und dementsprechend schlechten Ergebnissen auswirkt, dann wird das den Mitarbeitern zum Vorwurf gemacht: «Die Zusammenarbeit muss sich verbessern!! Dieses ständige Gegeneinander und Silodenken führt doch zu nichts!»

Die Unterstellung, es läge am mangelnden Willen der Mitarbeiter zusammenzuarbeiten, ist zynisch. Überall heißt es: Seid teamfähig! Identifiziert euch mit dem Gesamtunternehmen! Lernt voneinander! Teilt Wissen!

Die Strukturen im Unternehmen fördern allerdings die Superhühner und rufen den Mitarbeitern zu: Setzt euch im internen Wettbewerb durch! Seid besser als euer Kollege! Sichert euch eure Individualprämie!

Wenn ein Unternehmen unter schwacher Teamleistung leidet, ist Ursachenforschung angesagt: Hat die Problematik ihren Ursprung darin, dass die Mitarbeiter zur Zusammenarbeit nicht in der Lage sind, es nicht wollen oder nicht verstehen? Das mag in Einzelfällen vorkommen. Unserer Erfahrung nach liegt es aber sehr viel häufiger an den Superhühner-Strukturen. Folgende Punkte geben wir zu bedenken:

1. **Unternehmen sind Orte der Kooperation:** Unternehmen existieren, weil es Aufgaben gibt, die man eben nur gemeinsam erledigen kann. Somit sind Unternehmen per Definition Orte der Zusammenarbeit. Dabei ist Zusammenarbeit nicht die Addition von Einzelleistungen, sondern ein Zusammenspiel unterschiedlicher Qualifikationen, Kenntnisse und Erfahrungen, die sich ergänzen und von unterschiedlichen Rollen, die ineinandergreifen. 1 plus 1 ergibt in Unternehmen eben nicht nur 2, sondern 3.

2. **Team vor Individuum:** Wer die Aufforderung zur besseren Zusammenarbeit ernst meint, muss sich von Diven und Superhühnern, die sich durch ein hohes Maß an Konkurrenzdenken und aggressive Techniken «auszeichnen», konsequent trennen. Diese Konsequenz fehlt in vielen Unternehmen: «Aber seine Zahlen stimmen doch... ich kann mich doch nicht von meinen besten Leuten trennen!» In Ordnung, aber wer die Einzelleistung gut gebrauchen kann, muss dann auch konsequenterweise Einzelkämpferplätze für Einzelkämpfer schaffen und sie aus dem Team

herausnehmen. Und zwar rechtzeitig, bevor die Einzel-kämpfer entweder den Teamgeist zerstören oder ein starkes Team sich gegen die schädlichen Einzelkämpfer wehrt und sie kaltstellt.

3. **Individuelle Bonuszahlungen sind giftig:** Mit einem nur auf individueller Ebene beruhenden Erfolgsmaßstab gibt es keinerlei Anreiz zu kooperativem Verhalten. Wer will, dass Menschen Verantwortung für das Ganze überneh-men, muss individuelles Antreiben und individuelles Belohnen beenden. Der muss klarmachen, dass es um den gemeinsamen Erfolg geht. Zusammenarbeit fordern und gleichzeitig Einzelleistung explizit anreizen, ist die Definition von Irrsinn.

4. **Auch das Recruiting muss das berücksichtigen:** In Unternehmen gilt, dass eine Ansammlung der besten Leute nicht automatisch zu Kooperation und Austausch von Wissen führt und das befördert, worauf es ankommt: glückliche Kunden. Erfolgreiche Unternehmen funktio-nieren nicht durch die Addition der Besten, sondern durch die Kombination der Geeignetsten und der Zu-sammenpassenden. Durch die Verknüpfung von Talenten, Charakteren, Erfahrungen und Temperamenten.

Und hier müssen sich alle Personalverantwortlichen an die eigene Nase fassen: Was passiert im Bewerbungsprozess? Wer bekommt den Zuschlag? Steht Zusammenarbeit wirklich an erster Stelle oder ist es am Ende doch nur ein netter Zusatz? Fachliches kann man lernen – der Wille, mit anderen zusammenzuarbeiten und sich in den Dienst des Teams zu stellen, ist aber zuallererst eine persönliche Einstellung, eine Haltung.

5. **Hände weg von Rankings und anderen Vergleichslisten:** Sie machen aus Kollegen Konkurrenten. Kooperation wird torpediert. Der Gewinn des Einen ist der Verlust des Anderen. Das Ziel ist dann, den Anderen nach irgendeinem Maßstab zu übertreffen. Das einzige, was am Teampartner interessiert, ist dessen Versagen. Denn mein Gewinn ist der Verlust des Anderen. Schafft das Kreativität und kluge neue Ideen? Begeisterte Kunden? Garantiert nicht, weil die Energie im internen Wettbewerb gebunden ist und im Unternehmen Misstrauen und Konkurrenzdenken wachsen.

6. **Klarheit schaffen:** Es ist ein Fehler, strukturelle Probleme auf Individuen zu übertragen. Es sind die institutionellen Strukturen, Prozesse und Entscheidungen, die Menschen

prägen. Es mag oft wie ein Problem aussehen, das den Menschen betrifft oder das von einem einzelnen Menschen ausgeht («die arbeiten nicht zusammen», «die geben ihr Wissen nicht weiter...»). Tatsächlich verbirgt sich dahinter ein strukturelles Problem.

Um dem Superhuhn-Dilemma in eigenen Unternehmen auf die Spur zu kommen, bieten sich die folgenden Fragen an:

→ Was führt zum Silodenken in unserem Unternehmen?
→ Was lässt uns unkooperativ und egoistisch werden?
→ Was erschwert die Zusammenarbeit?
→ Welche Strukturen, Prozesse oder Instrumente stimulieren das Gegeneinander?
→ Ist es in meinem Interesse, wenn ein Kollege versagt?
→ Ist es in unserem Interesse, wenn eine andere Abteilung versagt?
→ Spielen Rankings und Vergleichslisten eine wichtige Rolle bei der Bonifizierung, Beförderung, etc.?
→ Wenn ich kooperiere: Wird das wahrgenommen? Wird das wertgeschätzt?

Dass viele Unternehmen Superhühnerzuchtstationen sind, ist kein Wunder: Das Prinzip Einzelleistung wird bereits in der Schule gelernt und verinnerlicht. Wenn Organisationen die-

ses Prinzip übernehmen, entsteht eine Kultur des Gegenein-
anders. Es ist eine Verschwendung von Energie, Kraft und
Lebensfreude. Organisationen leiden darunter. Kunden leiden darunter. Mitarbeiter leiden darunter. Und die Kreativität
leidet auch darunter.

**Lasst uns deshalb daran arbeiten, andere Organisatio-
nen zu schaffen – und nicht andere Menschen!**

SELBST-ENTWICKLUNG & EIGEN-MACHT

Die Welt um dich herum ist manchmal rosig, oft herausfordernd, manchmal schwierig und ab und zu krisenhaft. Wenn Krisen über dich hereinbrechen, dann kommen sie fast immer plötzlich. Das heißt: Du wirst kalt erwischt. Eben noch lief alles ganz normal. Du hattest Pläne, du warst mittendrin, deine Projekte liefen, du hast an dem gearbeitet, was gerade dran war, und du hast die Zukunft vorbereitet, so wie du sie dir vorgestellt hast beziehungsweise so, wie du sie aus der Gegenwart abgeleitet hast.

DOCH DANN KAM DER BRUCH.

Und plötzlich haben sich deine Pläne in Luft aufgelöst. Plötzlich warst du nicht mehr mittendrin, sondern ganz weit draußen. Plötzlich liefen die Projekte nicht mehr. Plötzlich wusstest du nicht mehr, was dran ist. Plötzlich stand alles in den Sternen, alles war in Frage gestellt. Eine Krise eben.

In einer solchen Situation ist eines zwangsläufig: Die Gedanken, die dir durch den Kopf rasen, sind negativ. Die Befürchtungen, die Schreckensszenarien, die Ängste besetzen die Räume im Kopf: Was ist, wenn die Krise noch bis weit ins nächste Jahr hinein dauert? Ist mein Job überhaupt noch sicher? Kann ich noch meinen finanziellen Verpflichtungen nachkommen?

Das ist nachvollziehbar und menschlich. Die negativen Gedanken signalisieren lediglich: Es ist Krise! Gefahr! Achtung! Aber sie helfen nicht bei der Bewältigung der Krise. Ein Kopf voller negativer, ängstlicher Gedanken ist blockiert.

Darum gilt in jeder schwierigen Situation: Auch wenn die negativen Gedanken nachvollziehbar sind, sie dürfen das Denken nicht dominieren.

«Aber das ist leichter gesagt als getan» magst du jetzt vielleicht einwenden. Einverstanden. Wir sagen nicht, dass es leicht ist, den Kreislauf der Angst und negativen Gedanken zu durchbrechen. Trotzdem haben wir immer die Wahl! **Dass so etwas Unvorhersehbares wie eine Krise auftritt, ist definitiv nicht unsere Wahl. Aber wie wir darauf reagieren, schon.**

Sich auf diesen Gedanken einzulassen, fällt vielen Menschen schwer. Wenn die Dinge schieflaufen, gehen sie in die Opferrolle. Ihr anklagender Zeigefinger richtet sich auf die Umstände, das Pech, die schwierigen Zeiten oder eine weltweite Verschwörung namens «die Anderen».

Die Gestaltungsmacht über das eigene Denken und Handeln wird so komplett abgegeben. Tatsache aber ist: «Nicht das, was andere tun, verletzt uns. Im fundamentalsten Sinn verletzen uns nur unsere selbstgewählten Reaktionen», schreibt der Autor Stephen Covey und weist darauf hin, dass wir immer verschiedene Wahlmöglichkeiten haben, wie wir auf das reagieren, was andere tun oder sagen oder was mir gerade widerfährt.

Ohne Zweifel passieren im Leben immer wieder schlimme Dinge. Eine Krise bringt dich in eine üble finanzielle Situation. Im Job droht die Kündigung. Zusagen werden nicht eingehalten. Menschen hintergehen dich. Personen, die du als Freunde betrachtet hast, lassen dich hängen. All das sind Ereignisse, die passieren und die du nicht beeinflussen kannst. Was du aber beeinflussen kannst, ist deine R-e-a-k-t-i-o-n. Es ist deine Wahl. Was dir widerfährt oder was andere tun oder sagen, löst Gefühle in dir aus, es ist aber nicht die Ursache. Die Ursache bist du selbst. Auch wenn es schwerfällt, diesen Gedanken anzuerkennen: Wie du auf die Ereignisse reagierst, ist deine Wahl.

Wer eine schwierige Situation überwinden will, braucht Macht über sein Denken und Handeln. **Die so wichtige Kraft für den Neuanfang kommt nicht von außen, sondern aus dir selbst.** Den Schlüssel zum Umgang mit den Krisen im Leben hast du in der Hand. Der Schlüsselbegriff lautet: **Eigen-Macht.** Bist du davon überzeugt, dass du selbst deine Situation beeinflussen und mitgestalten kannst? Fühlst du dich selbst ermächtigt, etwas zu unternehmen, was das Spiel zu deinen Gunsten dreht?

Wer sich eigenmächtig fühlt, kann schwierige Herausforderungen und Bedrohungen besser meistern. Eigenermächtigung bedeutet, das Gehäuse der Abhängigkeit und des Ausgeliefertseins zu verlassen und das sogenannte *innere Spiel* zu gewinnen. Wer sich hingegen keine Eigenmacht zugesteht, erlebt sich als Opfer der Umstände, als ohn-mächtig. Und wer sich als ohnmächtig erlebt, bleibt weit unter seinen Möglichkeiten.

OHN-MACHT VERSUS EIGENMACHT

Jede Deutung der Wirklichkeit ist subjektiv. **Wir können nie die Wirklichkeit an sich wahrnehmen, sondern nur unsere subjektive Wahrnehmung der Wirklichkeit.** Genau genommen heißt das, dass wir unsere eigene Wirklichkeit konstruieren. Im Alltag erleben wir das natürlich anders. «Das ist doch schlimm!» «Eine echte Katastrophe!»

Wir müssen uns aber klarmachen, dass wir eine Situation so erleben, wie wir sie erleben. Nicht so, wie jemand anderes sie erlebt. Der Aber-der-andere-muss-das-doch-auch-so- sehen-Anspruch ist komplett unsinnig. Der Kollege, Chef, Partner, gute Freund oder wer auch immer sieht die Situation eben durch seine eigenen Augen. Vielleicht ist seine Perspektive der meinen ganz ähnlich – vielleicht aber auch nicht. Viel-

Es gibt einen Satz in Shakespeares *Hamlet*,
der für fast alle Situationen gilt,
denen man im Leben begegnen kann:

«DENN AN SICH IST NICHTS WEDER GUT NOCH SCHLIMM; DAS DENKEN MACHT ES ERST DAZU.»

WILLIAM SHAKESPEARE
AUS: DIE TRAGÖDIE VON HAMLET,
PRINZ VON DÄNEMARK, 2. AKT, 2. SZENE.

leicht hat er mit der Situation andere Vorerfahrungen. Vielleicht interpretiert er das Erlebte grundlegend anders. Vielleicht differieren einige seiner Grundüberzeugungen von meinen, weshalb er zu anderen Schlussfolgerungen kommt und mit der Sache andere Emotionen verbindet.

Der Kommunikationswissenschaftler Paul Watzlawick leitete daraus zwei Konsequenzen ab.

Erstens: «Wir müssen Toleranz für die Wirklichkeit anderer entwickeln. Denn deren Wirklichkeitskonstruktionen sind genauso richtig oder berechtigt wie meine eigenen.»

Zweitens: «Wir sind absolut verantwortlich. Denn wenn klar ist, dass ich meine eigene Wirklichkeit konstruiere, bin ich für diese Wirklichkeit auch verantwortlich.»

Diese Erkenntnis ist nicht bequem, das wissen wir. Denn sie gibt dir die Verantwortung für dein Denken und Handeln zurück. Aber wer sich auf diesen Gedanken einlässt, gibt sich selbst die Erlaubnis, Gestalter seines Lebens zu sein, den Ausgang aus der Ohnmacht zu finden und sich selbst zu ermächtigen.

Was heißt das konkret?

«Ich konnte nicht anders» ist bei diesem Licht betrachtet eine sinnlose Aussage. «Die Umstände waren gegen mich» ergibt keinen Sinn. Denn deine Reaktion ist nicht dem

Schicksal geschuldet oder den Umständen, sondern du selbst hast es so gewählt. Mit dem Finger auf die Sachzwänge zu zeigen, ist der Versuch, die Verantwortung abzuschieben. Du kannst es beeinflussen, du selbst hast es in der Hand, *anders* zu antworten auf die Fragen, die dir die Welt stellt. Du entscheidest selbst, ob du mit dir selbst und der Welt haderst, dass nicht alle deine Anstrengungen honoriert worden sind – oder ob du Eigenmacht aufbaust.

Die Krise ist wie ein Brennglas, das um ein Vielfaches das verstärkt, was sich vorher schon deutlich abgezeichnet hat: In einer Welt, die unsicher ist und in der auch kein Arbeitgeber irgendeine Art von Sicherheit garantieren kann, gibt es nur eine einzige Sicherheit: das Kapital, das zwischen deinen beiden Ohren wohnt. **Dein Wissen und deine Fähigkeiten, deine Talente und dein Mindset der Eigenmächtigkeit.**

Dieses Mindset gibt es aber nicht als Werkseinstellung. Wir alle müssen erst einmal lernen, so zu denken, obwohl die Welt um uns herum meistens anders tickt. Der Kontext der industriellen Welt war darauf ausgerichtet, dass Menschen sich in die Unternehmensmaschinerie einfügen und definierte Probleme lösen. Ein reaktives Grundmuster, das auf die Außensteuerung der Akteure aufbaut.

Konkret: In der maschinenlogischen Unternehmensführung stehen nicht Selberdenken und Selbstermächtigung an oberster Stelle, sondern Fehlerfreiheit und reibungsarme Einpassung in das Gesamtgefüge. In diesem Kontext ist die größte Fehlerquelle der Mensch: Er muss durch ein enges Korsett an Regeln und Kontrollmechanismen vor seiner Fehleranfälligkeit geschützt werden.

Von diesem Denken müssen wir uns heute dringend verabschieden. Denn fehlerfreies Umsetzen von definierten Vorgaben können Maschinen schneller und besser. Wertschöpfende Arbeit entsteht heute in den meisten Fällen nicht mehr aus dem Anspruch: «Reproduziere das, was ist!» Der Anspruch lautet vielmehr: «Denk dir selbst was aus!»

Dazu brauchen wir Selberdenker und Selbstermächtiger, die sich auf das konzentrieren, was Alexa noch nicht weiß.

Die Welt um uns herum ändert sich nicht nur in Krisenzeiten extrem schnell und tiefgreifend, sondern ständig. Die Grundhaltung der Eigenmächtigkeit ist in einer solchen Welt kein nettes Zubehör für den Charakter, sondern essentiell. Hinzu kommt: Wer sich **eigenmächtig** fühlt, tut sich mit überraschenden Wendungen und Veränderungen und mit krisenhaften Episoden sehr viel leichter als jemand, der sich **ohnmächtig** fühlt. Das Gefühl der eigenen Ohnmacht lähmt, frustriert und führt dazu, dass du keinerlei Handlungsoptionen mehr sehen kannst. Deutlich gesagt: Du fühlst dich wie ein kleines Kind und verhältst dich auch so.

SPIELBALL DER DIGITALISIERUNG?

Das ist nicht nur in der Krisensituation in Folge der Reaktionen auf die Corona-Pandemie zu beobachten, sondern auch in der Debatte der letzten Jahre um die Zukunft der Arbeit. Die Fraktion der Ohn-Mächtigen begegnet den durch die Digitalisierung der Arbeitswelt ausgelösten Veränderungen mit Untergangsängsten: Oh je! Maschinen und Algorithmen werden alle Jobs übernehmen. Unsere Arbeitsplätze werden von Computern und Robotern vernichtet werden. Lernen lohnt sich nicht mehr, denn die Maschine gewinnt immer. Es gibt keine gute Arbeit mehr, nur schlechte Perspektiven. Es gibt kein Entkommen!

Menschen, die sich eigenmächtig fühlen, sehen ebenfalls die Wucht und die Tragweite der Veränderungen durch Digitalisierung, Robotik und Künstliche Intelligenz. Aber sie deuten diese Entwicklung grundlegend anders. Klar, eine Maschine und ein Algorithmus können Routinearbeiten besser, schneller und billiger erledigen. Das ist so. Gleichzeitig schafft aber die zunehmende Automatisierung viel Raum und freie Energie für kreative, originelle Arbeit. Die Erfahrung mit der Automatisierung aus den letzten beiden Jahrhunderten sagt: Die Arbeit geht uns nicht aus, sie verändert nur ihre Natur.

Das ist eine grundlegend andere Sichtweise, die auf zwei weitere «Selbst-Begriffe» setzt: **Selbstvertrauen** und **Selbstreflexion**. Wer bereit ist, sein Denken und Handeln zu reflektieren, wer bereit ist, die Komfortzone des Altbekannten und Vertrauten zu verlassen, wer in den Höhen und insbesondere auch in den Tiefen des Lebens daran festhält, sich selbst zu entwickeln, der ist schon mal auf einer vielversprechenden Spur.

UPDATE YOURSELF

Es hilft nichts, mit dem Finger auf das System zu zeigen und lautstark einen radikalen Kulturwandel einzufordern, ohne dass man die eigenen Hausaufgaben gemacht hat. Der Kulturwandel funktioniert nur mit Menschen, die Zutrauen in sich selbst haben. Und die bereit sind, überkommene Überzeugungen und eingefahrene Verhaltensweisen als solche zu erkennen und loszulassen. Wer sich selbst als eigenmächtig erlebt, dem fällt genau das sehr viel leichter.

Der Psychologe Jens Corssen schreibt in seinem Buch *Der Selbst-Entwickler*: «Erfolg basiert – besonders in Zeiten raschen Wandels – auf einer *notwendigen* Veränderung zunächst des eigenen Denkens und, als Folge davon, des selbstverantwortlichen Handelns. [...] Nicht *es* muss man ändern, sondern *sich selbst*, genauer gesagt: das eigene Denken, die Glaubenssätze, die uns daran hindern, in Zeiten des Wandels gewinnbringend handeln zu können. Genau hier liegt der Hase im Pfeffer. Wer sich *nicht* selbst entwickelt und damit bereit ist, seine Sicht der Dinge infrage zu stellen, seine Software zu überprüfen und zu ändern, läuft Gefahr, dass sein Denken zum Auslaufmodell wird und er so den Anschluss verliert.»

Wahre Worte! Nur fällt es vielen Menschen sehr schwer, die eigene Software zu überprüfen. Das liegt in der menschlichen Natur. Wir neigen dazu, nur die Informationen zu sammeln, die in unser Weltbild passen und unsere subjektive Wahrheit bestätigen. Wie fleißige Eichhörnchen sammeln wir bevorzugt die Informationen, die unsere Denkmuster vorbehaltlos bestätigen. Wir haben bereits im ersten Teil dieses Buches darüber geschrieben.

Genau hier kommt die Bedeutung der **Selbstreflexion** ins Spiel. Wer bereit ist, sich selbst zu reflektieren, verstärkt seine Chancen enorm, aus seiner geistigen Echokammer herauszutreten. Jemand, der den Weg der Selbstreflexion wählt, wartet nicht, bis die Krise ihn zum Verlassen der Komfortzone zwingt und das Leben ihn schmerzhaft entwickelt, sondern er handelt schon vorher – aus eigenem Antrieb, er entwickelt sich selbst. Das ist ein unbezahlbarer Vorteil in einer Welt, in der Veränderung nicht ein Sonderfall oder eine lästige Störung ist, sondern die Normalität.

Aber Vorsicht: Selbstreflexion gibt es nicht zum Nulltarif. Sie ist anstrengend, manchmal auch unangenehm. Denn nicht immer gefällt uns die Person, die wir im Spiegel erblicken. Gar nicht erst hineinzublicken, ist allerdings keine Option. Ignoranz ist keine Tugend, sondern dumm.

Eigenmacht geht Hand in Hand mit dem, was wir als «Selbst-Fähigkeiten» bezeichnen – Selbstdisziplin, Selbstverantwortung, Selbsteinschätzung, Selbstkontrolle, Selbstsicherheit, Selbstvertrauen. Nota bene: Alle Worte beginnen mit S-E-L-B-S-T.

Die schlechte – oder gute – Nachricht, ganz wie man's nimmt: Die Selbst-Fähigkeiten können weder vom Chef incentiviert, noch vom Personalentwickler per Seminarteilnahme verordnet werden. Da musst du schon selbst ran!

DIE SACHE MIT DEM SELBSTÄNDIGEN DENKEN UND HANDELN

Nichts ist anstrengender und vor nichts haben viele Menschen mehr Angst als vor dem selbstständigen Denken und Handeln. Nicht nachplappern, was andere vorgeben, sondern selbst darüber nachdenken, ob es so, wie es ist, für mich richtig ist. Selbst reflektieren, wie es anders gehen könnte. Sich aus alten Denkmustern lösen. Nicht darauf hoffen, dass sich die Umstände ändern, sondern die sich dafür einsetzen, die Umstände selbst zu ändern.

Gerade im Zusammenhang mit New Work kann man das gar nicht oft genug betonen: Die Maxime von New Work lautet nicht «Ich will viel Freiraum und möglichst wenig Verantwortung», verbunden mit der Frage «Was kannst du mir bieten?». New Work ist nicht synonym mit einer Vier-Tage-Woche, kostenlosen Massagen am Arbeitsplatz und unbegrenztem Jahresurlaub. New Work bedeutet nicht Lotterleben for life im Homeoffice. New Work bedeutet primär und zuallererst: S-e-l-b-s-t-v-e-r-a-n-t-w-o-r-t-u-n-g!

Selbstverantwortung bedeutet, mit der eigenen Freiheit verantwortlich umzugehen. Freiheit ist kein Synonym für Ich-kann-machen-was-ich-will. Freiheit beinhaltet einen Gestaltungsauftrag. Sie beinhaltet eine Verpflichtung.

UND GENAU AN DIESER STELLE WIRD ES UNBEQUEM.

Nein, wir behaupten nicht, dass all das immer einfach ist. **Aber wir glauben daran, dass es langfristig der richtige Weg ist, Freiheit und Verantwortung als zwei Seiten einer Medaille anzusehen.**

Wer nicht bereit ist, in die Verantwortung für sich selbst, seine Gedanken, seine Entscheidungen, seine Handlungen und seine persönliche Weiterentwicklung zu gehen und wer sich scheut, die eigene Sicht der Dinge immer mal wieder zu überprüfen, läuft Gefahr, sich selbst ins Abseits zu manövrieren.

Wir schreiben das nicht mit dem pädagogisch erhobenen Zeigefinger. Niemand muss irgendetwas tun. Wir nicht und du auch nicht. Fass es als Einladung auf, darüber nachzudenken.

DEINE LIEBLINGSFARBE

(13)

ALLES
EINE FRAGE
DES
MINDSETS

> *«Becoming is better than being.»*
> Carol Dweck, *Psychologie-Professorin*
> *an der Stanford University*

Microsoft-Chef Satya Nadella, der den schlafenden Tech-Riesen Microsoft wieder aufgeweckt hat, ist ein entschiedener Verfechter des **Growth Mindset**. Diesen Begriff wollen wir mal kurz unters Licht legen. Mit *Mindset* ist zunächst einmal eine geistige Haltung gemeint, die für unsere individuelle Einstellung zu Ereignissen und unsere Entscheidungsfähigkeit verantwortlich ist. Unser Mindset bestimmt also, wie wir bestimmte Situationen interpretieren und darauf reagieren.

Growth Mindset ist ein Begriff, der von der amerikanische Psychologin Carol S. Dweck geprägt wurde. Dweck ist Professorin an der Stanford University, wo sie über die Themen Intelligenz, Motivation, Persönlichkeit und Entwicklung forscht. Sie hat mit ihrem Konzept des Mindsets zwei grundlegende Selbstbilder unterschieden, die eine hohe Auswirkung auf Motivation, Erfolg, Umgang mit Fehlern und Lernentwicklung haben: das statische *Fixed Mindset* und das dynamische *Growth Mindset*. Mit letzterem ist die Haltung der Eigen-Macht gemeint, mit der Menschen Herausforderungen und Veränderungen angehen. Wer noch tiefer in das Thema einsteigen möchte, dem sei Dwecks lesenswertes

Buch *Selbstbild: Wie unser Denken Erfolge oder Niederlagen* bewirkt empfohlen.

In Bezug auf Microsoft fanden wir die Frage spannend, wie ein Unternehmen mit zehntausenden intelligenten Menschen derart von einer Änderung des Mindsets profitieren konnte. Und noch wichtiger: Wenn eine veränderte Haltung Microsoft helfen konnte, wie könnte sie auch dir und deinem Team helfen?

Um diese Fragen beantworten zu können, ist es hilfreich, erstmal die beiden kontrastierenden Begriffe genauer anzuschauen:

Menschen mit einem *Fixed Mindset* haben ein statisches Selbstbild. Sie glauben, dass Fähigkeiten angeboren und unveränderlich sind. Ich kann also beispielsweise Mathe – oder ich kann es nicht. Es gibt kein Lern- oder Entwicklungspotenzial. Es ist, wie es ist. Da solche Menschen keine Strategie besitzen, an Herausforderungen zu wachsen, versuchen sie, diese zu vermeiden.

Menschen mit einem *Growth Mindset* haben ein flexibles oder dynamisches Selbstbild. Sie gehen davon aus, dass sie sich weiterentwickeln und so ziemlich alles lernen können, wenn sie nur ausreichend Willen und Energie hineinstecken. Sie denken eher: «Hey, von diesem Fehler kann ich was lernen.

Ich wachse daran, wenn ich mich an etwas Schwierigem ausprobiere.» Wenn etwas schiefläuft, fragen sie sich, was sie nächstes Mal besser machen können. Menschen mit dieser geistigen Haltung suchen Herausforderungen und sehen mögliche Misserfolge als Entwicklungsschritte auf ihrem Weg zu persönlichem Wachstum und Reife.

Wer Herausforderungen – und davon haben wir ja momentan jede Menge – als Chance sieht, zu wachsen und Neues zu lernen und Niederlagen und Misserfolge nicht als Bedrohung zu empfinden, verfügt über das wichtigste Rüstzeug überhaupt für eine unberechenbare und sich verändernde Welt. Deshalb hat Satya Nadella die Bedeutung des Growth Mindsets so hervorgehoben. Deshalb schreiben wir hier darüber.

Wer möchte, macht einen einfachen Test: Welche Attribute, Verhaltensweisen und Einstellungen sind tendenziell mehr verbreitet in deinem Verhalten? Und im zweiten Schritt: Wie erlebe ich mein Umfeld, also Kollegen, Vorgesetzte?

GROWTH MINDSET

FIXED MINDSET

GROWTH MINDSET	FIXED MINDSET
VERÄNDERN	AUF DIE UMSTÄNDE VERWEISEN
GESTALTEN	AUSFÜHREN
ERMÄCHTIGEN	KONTROLLIEREN
NEUES WAGEN	GEGENWÄRTIGES OPTIMIEREN
DURCHHALTEN	AUFGEBEN
ERFORSCHEN	BREMSEN
TRANSPARENZ KULTIVIEREN	WISSEN HORTEN
VERANTWORTUNG ÜBERNEHMEN	DAS STEHT SO NICHT IN MEINER STELLENBESCHREIBUNG
INNOVATIV DENKEN UND HANDELN	ERKLÄREN, WORUM ES NICHT GEHT
EINFACH MAL MACHEN	ABWARTEN

HERAUSFORDERUNGEN SUCHEN	IN SICHERHEIT BLEIBEN
LERNBEREITSCHAFT KULTIVIEREN	NEUES TENDENZIELL ABWEHREN
ZUHÖREN	SELBST VIEL REDEN
ÜBER DEN TELLERRAND SCHAUEN	GEISTIGE ZÄUNE ERRICHTEN
ÜBERZEUGUNGEN HINTERFRAGEN	GLAUBENSSÄTZE VERTEIDIGEN
QUERDENKER FÖRDERN	STÖRER AUSSORTIEREN
KONTAKTE, IMPULSE, WISSEN BREITGEFÄCHERT SUCHEN UND AUFNEHMEN	IM FACHGEBIET VERSCHANZEN
STÖRAUFTRAG KULTIVIEREN	VERÄNDERUNGEN WEGVERNÜNFTELN
SICH SELBST HERAUSFORDERN	AUSREDEN SUCHEN
CHANCEN SUCHEN	NACH DEM HAAR IN DER SUPPE SUCHEN

AUS FEHLSCHLÄGEN LERNEN	POTENZIELLE FEHLSCHLÄGE VERMEIDEN
ÜBER KRITIK NACHDENKEN	KRITIK IGNORIEREN ODER ALS ANGRIFF DEUTEN
NEUGIERDE	GEISTIGE SATTHEIT
DIGITALE OFFENHEIT	ANALOGE SELBSTZUFRIEDENHEIT
WARUM-NICHT-HALTUNG	BEDENKENTRÄGERTUM
UNKONVENTIONELL DENKEN	SCHMALSPURDENKEN
EXPERIMENTIERFREUDE	RISIKOVERMEIDUNG

Nutze diese Punkte als Test für dich selbst. Mach einfach Kreuze und zähl sie zusammen: Wo steht die größere Zahl bei dir? Wo ordnest du dich selbst ein? **Mehr Ohn-Macht oder mehr Eigen-Macht?**

WÄHLE DICH SELBST!

ICH

«*The question isn't who is going to let me, it's who is going to stop me.*»

Ayn Rand, *russisch-amerikanische Autorin*

«Wenn der Chef mich für diese Projektleitung auswählt, dann geht meine Karriere durch die Decke ...» – «Wenn die Redaktion von Anne Will mich auswählt und in die Talkshow setzt, dann wird mein Buch ein Bestseller ...» – «Wenn Alnatura mein Bio-faires-Chia-Mehrkorn-Landbrot ins Sortiment aufnimmt, kann ich in der Welt einen Unterschied machen ...»

Die Haltung, die sich hinter solchen Aussagen verbirgt, ist eine Haltung, die viele Menschen haben. Sie drückt aus: Wähle mich, dann bin ich wer. Oder umgekehrt: Werde ich nicht erwählt, kann ich nichts erreichen.

Wir sind verblüfft, wie vielen Menschen es völlig normal erscheint, das eigene Schicksal daran zu knüpfen, dass EIN ANDERER etwas tut oder lässt.

Natürlich sind viele von uns das einfach so gewöhnt: Im Kindergarten und in der Schule werden wir von klein auf täglich darin trainiert, aufgerufen zu werden und die Erlaubnis zu bekommen – oder ansonsten unsere Klappe zu halten und stillzusitzen. Und so geht es weiter, von der Schule über die Uni bis zum Arbeitsplatz, immer gibt es eine höhere Instanz, an die wir die Verantwortung für unser Handeln abgeben.

Wir HOFFEN ausgewählt zu werden, ja, wir fänden es nur gerecht, zu den Auserwählten zu gehören, aber wir können ja nur hoffen. Hoffentlich wird meine Bewerbung ausgewählt, hoffentlich wählt der Chef mich bei der nächsten Beförderung aus ...

Dabei braucht es im Leben überhaupt keine höhere Instanz, keine Autorität, keine offizielle Erlaubnis, es braucht niemanden, der mit dem Finger auf dich zeigt und sagt: «Jetzt bist du dran!»

Tatsache ist:
→ Wir alle haben die Erlaubnis, aufzustehen, den Mund aufzumachen und etwas zu verändern.
→ Wir alle haben die Erlaubnis, uns ein Herz zu fassen und loszulegen, auch wenn wir uns damit verletzlich machen.
→ Wir alle haben die Erlaubnis, einen Unterschied zu machen.
In unserem Leben und im Leben von anderen.

Wir haben die Erlaubnis. Wir hatten sie schon immer. Aber noch nie war es wichtiger als in unserer heutigen komplexen und unsicheren Welt.

Wir kommen nicht umhin, uns selbst die Erlaubnis zum Handeln zu erteilen.

15

DIE VIER STUFEN DER FOLGSAMKEIT

> *«The ultimate authority must always rest with the individual's own reason and critical analysis.»*
> Dalai Lama

Wenn wir sagen «Wir alle haben die Erlaubnis einen Unterschied zu machen», dann ist das nicht als Aufforderung zu verstehen, ab sofort keinerlei Rücksprache mehr zu halten und sein Ding einfach so in Dampfwalzenmanier durchzuziehen. Frei nach dem Motto: «Pfeif drauf! Lieber hinterher um Entschuldigung bitten, als vorher um Erlaubnis fragen.»

Sowohl das resignierte Einknicken vor der Macht wie auch das komplette Missachten der Wünsche der anderen sind auf Dauer nicht hilfreich. Beide Varianten finden wir zu extrem: Hilflosigkeit oder Trotz. Unterwürfigkeit oder Rebellion. «Darf ich das denn?» oder «Mir doch egal, ob ich das darf!»

Unsere Überzeugung ist: Wir sollten die Sache mit der «Erlaubnis» differenzierter betrachten. Und das gilt fürs Berufliche ebenso wie für den Rest des Lebens.

Wir haben hierzu in dem lesenswerten Buch *Lifestorming* von Alan Weiss und Marshall Goldsmith eine Klassifizierung des Umgangs mit Erlaubnis gefunden. An diese angelehnt, davon abgeleitet und ergänzt, sehen wir die folgenden vier Stufen:

DIE VIER STUFEN DER FOLGSAMKEIT

1. Grundsätzlich keine Erlaubnis haben.

Du gehst davon aus, dass du grundsätzlich keine Erlaubnis hast. Das bedeutet: Du widersprichst einem in der Hierarchie höherstehenden Menschen grundsätzlich nie. Wenn der eigene Name auf der Teilnehmerliste eines Meetings steht, nimmst du auch daran teil. Du wartest nachts um drei Uhr vor einer roten Fußgängerampel, auch wenn in der letzten Stunde kein Auto weit und breit zu sehen war. Du fragst im Flugzeug nicht, ob jemand den Platz mit dir tauschen würde, damit du neben deinem Partner sitzen kannst. Du machst keinen Verbesserungsvorschlag in deinem Team, weil niemand dich nach deiner Meinung gefragt hat. Du gehst niemals voran. Denn du weißt: Du darfst grundsätzlich erstmal gar nichts.

2. Um Erlaubnis fragen.

Du fragst andere um Erlaubnis, etwas tun zu dürfen. Du fragst, ob du tatsächlich an diesem Meeting teilnehmen musst, obwohl es wertlos für dich ist und du auch keinen Wert beitragen kannst. Du hebst im Meeting die Hand, wenn du etwas fragen möchtest und stellst nicht einfach die Frage. Du fragst die Bedienung im Hotel, ob es okay ist, wenn du dich am Kaffeeautomaten bedienst, der scheinbar genau zu diesem Zweck im Frühstücksraum aufgebaut ist. Bevor du vorangehst, wartest du ab, ob jemand anderes das schon macht und dann folgst du, sei es bei der Arbeit, bei der Selbstbedienung am Kaffeeautomaten oder bei deinen Ideen.

3. Sich selbst die Erlaubnis geben.

Du erhältst die Erlaubnis nicht von einer höheren Instanz, wenn du danach fragst, sondern gibst dir selbst die Erlaubnis, wenn du es für richtig hältst. Du prüfst die Einladung zum Meeting und entscheidest, ob du daran teilnimmst oder nicht. Du beobachtest die Situation bei einem Kongress, gehst zu einer Gruppe von Teilnehmern, die zusammensteht und stellst dich vor. Im Aufzug sprichst du von dir aus den Vorstandsvorsitzenden an und wartest nicht, dass er das Gespräch beginnt. Du prüfst und bewertest für dich selbst, ob es okay ist, bestimmte Handlungen vorzunehmen. Du gehst vielleicht nicht immer voran, aber du gehst gerne neue Wege, die andere vor dir auch schon beschritten haben.

4. Grundsätzlich die Erlaubnis haben.

Das ist der genaue Gegenpol zur ersten Stufe «Grundsätzlich keine Erlaubnis haben». Du gehst davon aus, dass du grundsätzlich alles darfst, was du willst. Begleitet von einer ethischen Grundhaltung benimmst du dich nicht asozial – du drängelst dich an der Kasse nicht dreist vor und du isst anderen Leuten nicht das Essen vom Teller –, aber du nutzt ganz selbstverständlich den Kaffeeautomaten im Frühstücksraum des Hotels, weil du davon ausgehst, dass er für die Gäste genau zu diesem Zweck aufgestellt wurde. Du sagst dem Chef unaufgefordert, dass er nach deiner Einschätzung eine schlechte Entscheidung getroffen hat. Für dich sind Regeln nie absolut, sondern gelten immer nur situativ. Das heißt, dass du nur dein eigenes Urteilsvermögen nutzen, um dein Verhalten zu lenken.

Das Entscheidende und auch Interessante an dieser Klassifizierung ist:

→ Die wahrscheinlich häufigste Einstellung der Menschen in unserem Kulturkreis, liegt in der Mitte: zwischen Stufe 2 (um Erlaubnis fragen) und Stufe 3 (sich selbst Erlaubnis geben).

→ Die wahrscheinlich destruktivsten Einstellungen sind die Stufen 1 und 4. Beides ist zu extrem. Auf Stufe 1 bringst du weder dich noch das Unternehmen voran. Und Stufe 4 kann zu leicht in wahrgenommenen Egoismus umschlagen. Das ist nicht klug. Denn dann würdest du dich in der Gruppe isolieren und würdest dir Gegner schaffen. In einem Unternehmen, dessen Zweck es grundsätzlich ist, Dinge gemeinsam zu erledigen, wäre das kontraproduktiv.

→ Die aus unserer Sicht wahrscheinlich beste Einstellung ist die zwischen Stufe 3 (sich selbst Erlaubnis geben) und Stufe 4 (grundsätzlich Erlaubnis haben). Denn dort sind die Selbst-Ermächtiger unterwegs. Menschen, die selbstbewusst und selbstbestimmt ihren Weg gehen, ohne es zu übertreiben. Ihnen ist klar, dass sie manchmal sehr genau prüfen sollten, ob es in Ordnung ist, bestimmte Handlungen vorzunehmen. Manchmal ist es das nicht, zum Beispiel solltest du nicht einfach einem Meeting fernbleiben, das ohne dich nicht beschlussfähig ist. Und manchmal ist es eben völlig in Ordnung. Zum Beispiel solltest du einem Meeting, zu dem du eingeladen wurdest, fernbleiben, wenn du dort keinen Wertbeitrag liefern kannst. Das wäre vernünftig und im Sinne aller und das kannst du durchaus selbst entscheiden und musst niemanden um Erlaubnis bitten.

Unsere Frage an dich ist:

OHN-MÄCHTIG ODER EIGEN-MÄCHTIG?

WO WÜRDEST DU DICH EINORDNEN?

FRAGST DU NOCH ODER MACHST DU SCHON?

Wenn du eher noch auf Stufe 2 oder vielleicht zwischen 2 und 3 steckst: Was hindert dich daran, den Schieberegler ein Stück weit nach oben zu schieben und dir selbst und deiner Organisation zuliebe ein bisschen seltener um Erlaubnis zu fragen?

16

SCHAFF DIR EIN CHALLENGE NETWORK

> *«Surround yourself with people who challenge you, teach you, and push you to be your best.»*
> Bill Gates

Wenn Menschen dir Feedback geben und dir Dinge sagen, die du hören musst, aber mit ziemlich großer Wahrscheinlichkeit nicht hören willst, wie gehst du damit um?

Hast du den Willen und die Offenheit, dich herausfordern zu lassen? Umgibst du dich sogar bewusst mit Menschen, die das kontinuierlich tun?

Oder gehst du, wenn du ehrlich zu dir bist, tendenziell solchen Rückmeldungen aus dem Weg? Und wenn sie dich trotzdem erreichen, vernünftelst du sie weg: «Der hat doch keine Ahnung!», oder du ignorierst sie: «Das will man doch lieber gar nicht wissen!» ...

Natürlich wissen wir alle, dass es hilfreich ist, unsere blinden Flecken zu erkennen und daraus zu lernen. **Unsere Selbstwahrnehmung immer wieder durch eine profunde Fremdwahrnehmung zu ergänzen, ist eine ebenso wertvolle wie notwendige Zutat für persönliches Wachstum.**

Die Frage lautet also: Wie können wir mehr solche Menschen in unser Leben holen, die uns konstruktiv herausfordern?

Die Antwort darauf haben wir bei Adam Grant gefunden. Der junge Mann gehört zu den beliebtesten und bestbewerteten Professoren der Wharton Business School der Universität von Pennsylvania, einer der renommiertesten Business Schools der Welt. Nebenbei hat er noch ein paar New-York-Times Bestseller geschrieben: *Originals, Give and Take* oder *Option B*, das er gemeinsam mit Sheryl Sandberg geschrieben hat.

In einem Podcast mit Tim Ferriss haben wir gehört, wie Grant von seinem Challenge-Network erzählte – und das hat uns elektrisiert! Die Idee eines solchen Netzwerks ist, für sich selbst Unterstützung zu suchen, um wichtige und überfällige Selbstreflexionsprozesse anzustoßen, blinde Flecken aufzuzeigen, Verbesserungs- und Entwicklungspotenziale offenzulegen und so eine Verbesserung des eigenen Verhaltens oder Vorgehens anzustoßen.

Konkret gesprochen: Ein solches Netzwerk besteht aus einer ausgewählten Gruppe von **Menschen, die dir sagen, was du nicht hören willst, aber hören musst!**

Wir fanden die Idee so faszinierend, dass wir damit begonnen haben, uns auch ein solches Netzwerk aufzubauen. Wir stehen noch am Anfang – wie das Netzwerk im fortgeschrittenen Stadium aussehen kann, lässt sich von Grant lernen.

Bei ihm ist das Challenge-Network zum einen eine regelmäßige Sache, zum anderen aber auch eine unregelmäßige Sache bei größeren Projekten.

Regelmäßig: Dazu lädt er seine studentischen Hilfskräfte ein, die bereits länger für ihn arbeiten. Er bittet sie, ihm über die nächsten Wochen so viel kritisches Feedback wie nur möglich zu geben. Das ist wichtig: Den anderen einzuladen, das zu tun und dem Feedback-Geber auch zu sagen, welches Level an Feedback man hören will. Grant will gepusht und weitergebracht werden. Gleichzeitig ist er als Empfänger des Feedbacks darauf vorbereitet und kann mit so viel Offenheit darauf reagieren, wie es ihm möglich ist.

Unregelmäßig: Gleichzeitig hat er aber auch ein Netzwerk von Challenge-Partnern, die er bei größeren Projekten einbindet, beispielsweise wenn er an einem neuen Buch arbeitet oder einen neuen Vortrag oder eine neue Podcast-Staffel entwickelt. Dieser Gruppe von Menschen zeigt er dann den Entwurf eines Kapitels seines neuen Buchs oder das Konzept für einen neuen Vortrag. Deren Aufgabe ist es, Grants Arbeit zu hinterfragen, Unklarheiten in der Argumentation zu finden oder die Wirkung des Textes zu beurteilen.

Zwei Erkenntnisse haben wir daraus gezogen:
1. Du brauchst sowohl ein Support-Network als auch ein

Challenge-Network in deinem Leben.

Das **Support-Network:** Das besteht aus Menschen, denen du vertraust und an die du dich wendest, wenn du ein offenes Ohr brauchst oder Unterstützung oder wo du einfach mal Dampf ablassen kannst, wenn dir etwas auf der Seele liegt. Das können Menschen aus dem beruflichen Umfeld sein oder aus dem privaten Kreis.

Das **Challenge-Network**: Das besteht aus Menschen, die dir sagen, was du nicht hören willst, aber hören musst. Wichtig: Das sind nicht nur einfach Kritiker, die dir Verrisse um die Ohren hauen. Das wäre auf Dauer destruktiv und entmutigend. Sondern sie sind dir wohlgesonnen und wollen, dass du dich weiterentwickelst. Genau deshalb sind sie kritisch, zeigen dir blinde Flecken auf und fordern dich heraus. Sicherlich wird es auch Überschneidungen zwischen diesen Netzwerken geben – aber grundsätzlich erfüllen beide Netzwerke unterschiedliche Funktionen.

2. Ein Challenge-Network funktioniert nur, wenn du positiv mit kritischen Rückmeldungen umgehst.

Wir persönlich sind keine Fans davon, immer ein offenes Ohr für jedes kritische Feedback – egal von wem – zu haben. Ganz ehrlich: Wir müssen uns nicht jedes Gemotze anhören. Es gibt leider auch nutzloses, weil rein destruktives Feedback. Und dem müssen und wollen wir uns nicht aussetzen, alleine schon deshalb, um Hatern und Trollen keine Macht zu geben. Und wir raten auch niemandem dazu. Wenn du also jemanden pathetisch deklamieren hörst, JEDES Feedback sei ein Geschenk, dann lautet unsere Einschätzung: Das kann man so sehen ... muss man aber nicht.

Aber wenn wir bestimmte Menschen in unser Challenge-Network einladen, um uns Rückmeldungen zu geben, dann ist das etwas anderes. Dann müssen wir damit auch umgehen. Sonst funktioniert es nicht. Was uns dabei im Weg steht, ist das eigene Ego. Deshalb ist die Neigung bei so vielen Menschen so ausgeprägt, die Überbringer kritischer Botschaften aus ihrem Leben zu streichen – oder zumindest zu meiden. **Oder eben erst gar nicht nach Feedback zu fragen.**

Natürlich ist es einfacher, dich nur mit deinen persönlichen Cheerleadern zu umgeben, die dir zuverlässig Beifall spenden. Dort beschwerst du dich dann über Kritik und holst dir die Rückversicherung, dass du diese eigentlich nicht verdient hast. Das ist zwar bequem, bringt dich aber nicht weiter!

Was hältst du von der Idee, dir selbst ganz systematisch und gezielt ein Challenge-Network aufzubauen? Auf jeden Fall aber: Umgib dich auch mit Menschen, die dich herausfordern und die dich motivieren, besser zu werden! Such ihre Nähe, hör ihnen zu, lerne von ihnen und lass dich von ihnen prägen!

17

WER NEUES VORANTREIBT, HAT SELTEN FREUNDE

> *«Menschen, die sich bewegen,*
> *treten der stehenden Masse*
> *zwangsläufig auf die Füße.»*
> Unbekannt

Jede Veränderung bedeutet zuallererst einmal Gefahr für diejenigen, die sich behaglich im Status quo eingerichtet haben. Deshalb wird sie auch nur pro forma geduldet. Die Abweichung vom Alten, die den Weg für Neues bereitet, ist für die Mehrheit einfach nur lästig, weil sie ihre Routinen stört. Die instinktive Reaktion ist Abwehr. Das ist so. Unbestritten. Unumstößlich.

Warum das so ist, ist leicht nachvollziehbar: Der Zweck jeder klassischen Organisation ist es, ihren Zustand zu erhalten. Eine Organisation, die die Chance haben will, längere Zeit zu überdauern, braucht also eine gewisse Robustheit gegenüber Einflüssen und Reizen. Aus dieser Perspektive betrachtet, ist jede Veränderung zuerst mal eine Bedrohung. Das soziale System leistet reflexartig Widerstand.

Wer sich daran macht, Strukturen aufzubrechen und Veränderungen voranzutreiben, der wird eher früher als später auf Widerstand stoßen. Oder anders ausgedrückt: Menschen, die sich bewegen, treten der stehenden Masse zwangsläufig auf die Füße.

Spannend ist also nicht, dass es Widerstand und sogar Ablehnung gibt. Spannend ist: Was machst du, nachdem du zurückgewiesen wurdest? Ganz generell gibt es unterschiedliche Wege, mit einer Abfuhr umzugehen. Zwei davon sind diese:

1. **Du kannst eine solche Abfuhr als persönlichen Affront interpretieren.** Du persönlich wurdest abgelehnt. Ja, DU! Nicht deine Idee, nicht dein Konzept, nein: du als Person. Deswegen bist du jetzt verletzt, ziehst dich vom Spielfeld zurück, um dich vor weiteren Ablehnungen zu schützen. Du bist persönlich getroffen. Darum wirst du zukünftig den Ball flach halten und nur noch das machen, was keine Wellen schlägt.

2. **Du versicherst dir, dass wer auch immer deinen Vorschlag zurückgewiesen hat, ein totaler Schwachkopf ist!** Ein Ewiggestriger. Ein Reaktionär. Ein Intelligenzallergiker. Ein dämlicher Idiot. Eine Flachpfeife ... Die Konsequenz daraus ist, dass du nichts lernst, dich nicht entwickelst. Stattdessen wirst du verbittert und zynisch. Du leidest unter der Ignoranz der anderen und bewegst fortan leider gar nichts mehr. Aber wenigstens sind die anderen schuld.

Das sind aus unserer Sicht zwei sehr schlechte Optionen.

Schlecht sowohl für die Organisation als auch für dich selbst.

Es gibt andere Wege. Zunächst mach dir klar, dass nur die Idee abgelehnt wurde, nicht die Person. So wird die Ablehnung von der persönlichen Ebene auf die Sachebene verlagert. Das ist nicht immer leicht, gerade weil ja auch persönliches Herzblut darin steckt, dennoch ist das bei jeder Zurückweisung in der Organisation grundsätzlich wichtig, um vom persönlichen Schmerz Abstand zu nehmen, um sich emotional weniger verletzlich zu machen, aber vor allem auch, um als Veränderer nicht frustriert aufzugeben. Wenn das gelingt, dann ist schon mal viel gewonnen. Wer versucht, die Abfuhr auf die Sachebene zu verlagern, hat die Chance, selbstkritisch zu erkennen, was beim nächsten Versuch besser laufen sollte. Du realisiert: Wenn sich etwas ändern soll, musst du erstmal bei dir selbst etwas ändern, denn das ist der Parameter, den du beeinflussen kannst. Hier sind vier häufige Gründe, warum du eine Abfuhr kassiert haben könntest:

1. **Du hast dich an die falsche(n) Person(en) gewendet.** Also Unterstützung für die Idee an der falschen Stelle gesucht. Falsche Stelle deshalb, weil diese Leute andere Absichten und Ziele haben, als du mit deiner Idee verfolgst. Die Konsequenz dieser Erkenntnis wäre, zukünftig mehr

darauf zu achten, wem du deine Ideen und Konzepte anvertraust. Dazu braucht es ein klares Verständnis dafür, wer in der Organisation überhaupt die Macht hat, ja zu deiner Idee zu sagen und dies auch umzusetzen. Das kann ein Bereichsleiter, der Firmenchef oder die gesamte Führungsmannschaft sein. Und Vorsicht: Häufig lässt sich das Top-Management leichter überzeugen, als die Ebenen darunter. Wir reden von der Lähmschicht, die sich durch neue Ideen schnell bedroht fühlt.

2. **Du hast den falschen Augenblick gewählt, um deine Idee voranzutreiben.** Die daraus abzuleitende Konsequenz für die Zukunft: Es geht darum, den Zeitpunkt klug zu wählen. Der ist dann klug gewählt, wenn die Empfänger für die Idee überhaupt halbwegs offene Ohren haben, weil sie Zeit dafür haben und der Kontext passt. Wenn es dann noch gelingt, die Idee an ein zeitlich korrelierendes externes Ereignis zu koppeln, das dem Anliegen zusätzliche Glaubwürdigkeit und Dringlichkeit verleiht, wird es zwar kein Selbstläufer, zumindest aber ein bisschen leichter.

3. **Deine Story ist nicht gut angekommen oder hat gar keine Resonanz erhalten.** Es genügt eben nicht, nur eine gute

Idee zu haben, du musst auch fähig sein, sie mittels einer guten Story rüberzubringen und andere mit deiner Begeisterung anzustecken. Als Konsequenz: Finde heraus, weshalb deine Story nicht funktioniert hat und lerne, es beim nächsten Mal besser zu machen. Eine gute Geschichte hat einen klaren Standpunkt und ist glaubwürdig, stimmig, überzeugend und durchdacht, sie berührt die relevanten Emotionen und kommt im entscheidenden Moment direkt auf den schmerzenden Punkt. Und was oft übersehen wird: Gute Rhetorik allein reicht nicht. Bewaffne dich mit Zahlen, Daten und Fakten, damit du ein Fundament für deine Idee hast.

4. **Du hast es versäumt, dir Verbündete zu suchen.** Es ist ziemlich einfach, einzelne Personen, die auf eigene Faust unterwegs sind, mit ihren Ideen zu marginalisieren. Eine ganz andere Sache ist es, wenn du Verbündete hast. Dann verwandelt sich individuelle Autorität in kollektive Autorität. Als Konsequenz: Beginne mögliche Partner zu identifizieren und dann dieses Netzwerk zu pflegen. Diese Fragen können helfen: Wer befindet sich bereits auf deiner Linie? Wer würde deinem Standpunkt naturgemäß Sympathien entgegenbringen? Gibt es bereits Initiativen im Unternehmen, die du für deine Zwecke

nutzen könntest? Welche internen und externen Plattformen könntest du nutzen?

Veränderungen passieren immer dann, wenn Menschen aufstehen, sich ein Herz fassen und loslegen, wenn sie Mut und Geduld haben und wenn sie ihr Hirn einschalten, um neue Ideen nicht mit dem Holzhammer, sondern mit Klugheit und Geschick voranzubringen.

Und ja, das ist auch anstrengend. Denn wer sich bewegt, wird den Widerstand der Komfortzonenbewohner, der Denkbürokraten und Vorrechte-Verteidiger deutlich zu spüren bekommen.

Nur: So richtig schwer wird es dann, wenn du die Ablehnung scheust. Wenn du dem Konflikt aus dem Weg gehst. Weil du es lieber gern harmonisch und ohne Widerstand hättest. Das ist menschlich. Aber in Harmonie und ohne jeden Widerstand etwas Substanzielles verändern? Vergiss es! – Sieh es besser so: **Ohne die Überwindung des Widerstands wäre die Veränderung nur halb so viel wert.**

18

NIMM DIR ZEIT FÜR DIE

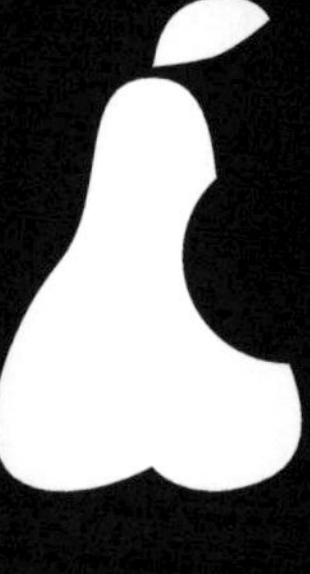

«*Das ganze Unglück der Menschen rührt allein daher, dass sie nicht ruhig in einem Zimmer zu bleiben vermögen.*»

Blaise Pascal, *französischer Mathematiker und Philosoph*

Routinen erleichtern das Leben: Den Schlüsselbund beim Heimkommen immer in die Schale ablegen, damit ich ihn später nicht suchen muss. Vor dem Verreisen immer die Wetterapp checken, damit ich passende Kleidung einpacke. Das läuft ohne viel Nachdenken, quasi automatisch und erspart uns die Zeit und Aufmerksamkeit, die wir anderswo investieren sollten: **Für die wirklich wichtigen Wahlhandlungen**, die wir eben NICHT automatisch vornehmen sollten. **Für die großen Fragen des Lebens.**

Tatsächlich ist es oftmals genau andersherum: Der Alltag bekommt die ganze Aufmerksamkeit und die großen Fragen, die den Kern u nserer Existenz berühren, werden übertönt von Routine, Trott, vermeintlichen Zwängen und Denkfaulheit. Dann wird argumentiert, dass das Leben dazu keine Zeit lässt. Job, Haus, Kinder – all das taktet den Alltag so durch, dass viele aufgehört haben, die Sinnfrage zu stellen: Ist mein Leben nach den Werten ausgerichtet, die mir wichtig sind? Bin ich der Mensch, der ich sein will?

Darüber lohnt es sich, gründlich nachzudenken. Dafür brauchen wir Zeit und Entscheidungsenergie. Aber Vorsicht: Der durch das Nachdenken ausgelöste Erkenntnissprung bedroht das Bestehende. **Selbstreflexion stört die Routine – oder zerstört sie sogar. Wahrscheinlich ist sie deswegen bei vielen so extrem unbeliebt.**

Im beruflichen Alltag sieht es nicht anders aus. Zack. Zack. Zack. Das Tempo heute ist gewaltig. Meetings, Jour Fixes, Präsentationen im Dauertakt, begleitet vom ständigen Zwitschern, Bimmeln, Vibrieren und Blinken des Smartphones.

In vielen Unternehmen gilt es als Zeichen einer irreparablen Verhaltensstörung, einfach mal zehn Minuten aus dem Fenster in die Wolken zu schauen und nachzudenken. Einfach mal eine kurze Auszeit nehmen? Geht gar nicht! Aktionismus ersetzt Nachdenken.

Der grundlegende Irrtum: Aktionismus wird mit Produktivität verwechselt. Aber Produktivität erfordert nicht eine hohe Drehzahl, sondern Reflexion. Und Reflexion findet in ruhigen Momenten statt, wenn du deine Aufmerksamkeit auf dich selbst richtest und dich hinterfragst.

In unseren Vorträgen benutzen wir deshalb den Ausdruck

«Zeit für die Birne». Fokussiertes, diszipliniertes Nachdenken, das Neues schafft, darf nicht die Ausnahme sein, sondern muss fester Bestandteil des Alltags werden. Routinen können sehr leicht automatisiert werden. **Was übrig bleibt, ist die tiefe Denkarbeit. Dafür müssen wir Zeit reservieren – und zwar regelmäßig.**

Bei uns selbst haben wir festgestellt: Wenn wir keine Zeit für die Birne in den Kalender eintragen, findet es nicht statt. Eine der ersten Aufgaben an jedem Tag könnte darum sinnvollerweise sein, dass du dir ein Zeitfenster von fünfzehn Minuten suchst und dort ZFDB in den Kalender einträgst.

Wer möchte, trinkt dabei eine Tasse Kaffee oder Tee – schaltet den Kopf an und alle anderen Ablenkungen aus: Handy weglegen, Mailprogramm und Slack schließen, ruhige Umgebung suchen und dann: NACHDENKEN über dich selbst. Mindestens einmal pro Woche, am besten sogar täglich.

Welche Fragen das sind, die du dir stellst, dafür gibt es keine Blaupause, keine Universallösung – es hängt davon ab, welchen Schwerpunkt du legen möchtest: Geht es mehr ums Private? Ums Berufliche? Um eine Mischung aus beidem? Wenn der Fokus auf dem Beruflichen liegt: Was genau steht im Vordergrund? Mitarbeiterführung? Selbstorganisation? Prioritäten? Ziele? Strategien?

Für die tägliche Viertelstunde ZFDB haben wir hier ein paar Vorschläge. Wir finden diese Fragen hilfreich, aber das gilt nur für uns – für dich müsstest du das anpassen. Wie gesagt: Es gibt keine Blaupause!

Da wir die ZFDB am Morgen machen, beziehen sich unsere Reflexionsfragen auf den vorangegangenen Tag.

→ Was habe ich gestern eigentlich den ganzen Tag so gemacht?
→ Womit bin ich zufrieden?
   Was macht mich vielleicht sogar stolz?
→ Womit bin ich nicht zufrieden?
   Was macht mich weniger stolz?
→ Wie habe ich gestern priorisiert?
→ Habe ich auch am Wichtigen gearbeitet?
   Wenn ja: was konkret?
→ Wo war ich ein Getriebener des Dringlichen?
→ Was könnte ich tun, um den Fokus mehr auf die Arbeit am Wichtigen zu verschieben?

Diese Fragen fordern uns dazu auf, dem Leben mit Wachheit zu begegnen. Der Schlüssel dazu: Wir müssen uns regelmäßig die Zeit nehmen, über uns selbst und das, was wir tun, nachzudenken. Es handelt sich also um eine bewusste Entscheidung: Investiere ich Zeit und Kraft in die Selbstreflexion oder führe ich ein gebrauchtes Leben und nehme alles, wie es kommt, ohne mich zu fragen, wie es mich meiner gewünschten Zielrichtung näher bringen kann?

Es ist schon ziemlich krass, wie viele Menschen es vermeiden, in den Spiegel zu schauen und Zeit für die Selbstreflexion zu investieren. **Zeit zu investieren, sich selbst zu finden – wird von vielen weniger als Verheißung empfunden, sondern als Drohung.** Stattdessen wird das Hirn mit dem gefüllt, was gerade so da ist und ablenkt. Um es in den Worten des englischen Philosophen Bertrand Russel zu sagen: «Manche Menschen würden eher sterben, als nachzudenken. Und sie tun es auch.»

Eine Sache noch: Selbstreflexion ist kein reiner Selbstzweck. Das Ziel ist, sich mit den eigenen tiefliegenden Motiven, Zielen, Absichten auseinanderzusetzen und in der Konsequenz sich selbst besser zu verstehen. Der schöne Nebeneffekt: damit machst du auch deinen Mitmenschen das Leben etwas leichter.

Und jetzt kommen wir zum Aspekt, der schmerzt: Reflexion braucht immer die Fähigkeit zur Kritik – und im gleichen Maße Selbstkritik. Sich selbst konstruktiv zu hinterfragen und dabei eben nicht vorrangig nach Bestätigung zu suchen, obwohl das so viel angenehmer wäre, das ist der Weg des persönlichen Wachstums.

19

WALK IN
STUPID
EVERY
MORNING

> «Deine Annahmen sind die Fenster, durch die du die Welt siehst. Du musst sie von Zeit zu Zeit putzen, damit das Licht reinkommt.»
>
> Alan Alda, *Schauspieler, Schriftsteller und Regisseur*

Was dir passieren kann, wenn du dir die Zeit für die Birne nimmst: Du kommst mehr und mehr darauf, was du alles nicht weißt. Colin Powell, der ehemalige amerikanische Außenminister, forderte seine Mitarbeiter regelmäßig hierzu auf: «Sagt mir, WAS IHR WISST! Danach sagt mir, WAS IHR NICHT WISST! Und erst dann will ich von euch wissen, wie ihr die Sache einschätzt!»

Wenn in einer Organisation überwiegend Menschen zusammenkommen, die dieselbe Erfahrung in derselben Branche haben, die dieselbe Ausbildung haben und dasselbe Erfahrungsspektrum, dann sind blinde Flecken vorprogrammiert.

Menschen – vor allem, nachdem sie über Jahre hinweg Erfahrungen in einem bestimmten Feld gesammelt haben, entwickeln nach ein paar Jahren eine Art Tunnelblick: Der Blick verengt sich in nur eine Richtung. **Die Gefahr liegt in der Unfähigkeit oder auch Unwilligkeit, etwas wahrzunehmen, was außerhalb dessen liegt, was man bereits kennt.**

So weit, so nachvollziehbar. ABER: Unserer Beobachtung nach wird in der Geschäftswelt Berufserfahrung immer noch extrem hoch bewertet. Das sehen wir zum Beispiel beim Recruiting: Es werden vorrangig Bewerber gesucht, die schon in dem Job gearbeitet haben, idealerweise auch schon in derselben Branche. Quereinsteiger? Sind meist die ersten, die aussortiert werden. Erschwerend kommt hinzu, dass die so beliebten Assessment-Center eine starke Tendenz zur Mittellage befördern. Filtert ein Assessment-Center tatsächlich die besten Talente für das Unternehmen heraus – oder doch nur die besten Performer fürs Assessment-Center?

Oder nehmen wir das Onboarding neuer Mitarbeiter: Hier geht es in erster Linie darum, dass die Neuen möglichst schnell lernen, wie der «Hase hier so läuft», also genau die Praktiken, Denk- und Handlungsmuster schnellstmöglich verinnerlichen, die die alten Hasen schon kennen. Sie sollen so arbeiten, «wie es hier üblich ist». Und eine Beförderung erhalten natürlich diejenigen, die schon lange dabei sind und über jede Menge Erfahrung verfügen.

Das Problem dabei: **Der Wert der Erfahrung wird im Allgemeinen überschätzt, der Wert der Unerfahrenheit hingegen unterschätzt!** Denn Unerfahrenheit bringt Vorteile mit sich. Der wichtigste: der unverstellte frische Blick, unbelastet von Firmen- und Branchendogmen.

Umgekehrt gilt: Je länger wir bereits etwas tun, desto dringender müssen wir unsere Gewohnheiten und Annahmen hinterfragen. Und dabei hilft das regelmäßige – am besten tägliche – Reinigungsritual.

Wieden & Kennedy ist eine der größten unabhängigen Werbeagenturen der Welt. Einer der Gründer der Agentur, Dan Wieden, war für die Entwicklung eines der bekanntesten Werbeslogans der Welt verantwortlich: «Just Do It» von Nike.

Bei Wieden & Kennedy hat man den Wert des frischen Denkens begriffen und kultiviert es nach Kräften. Eines der ersten Dinge, die Besucher des Londoner Büros sehen, ist eine Schaufensterpuppe, die einen Mixer anstelle eines Kopfs hat. Die Schaufensterpuppe trägt eine Aktentasche mit der Aufschrift **«Walk in stupid every morning»**.

Die Botschaft repräsentiert etwas, das bei Wieden & Kennedy eine Grundüberzeugung ist: Um frisches Denken zu kultivieren, müssen Menschen ihre Annahmen und vorgefassten Ideen jeden Tag immer wieder aufs Neue hinterfragen. Die Schaufensterpuppe erinnert alle Mitarbeiter daran, wenn sie morgens zur Tür reinkommen, dass der sichere Weg in den eigenen Niedergang und den der gesamten Organisation darin besteht, davon auszugehen, dass das, was du beim letzten Mal getan hast, beim nächsten Mal wieder genauso funktionieren wird.

Um nicht in diese Falle zu tappen, um sich zu verändern und weiterzuentwickeln, braucht es Unterbrechungen der Denkroutinen. Altgediente Antworten müssen auf den Prüfstand. Obwohl es natürlich nervt und bisweilen schmerzt.

DIE KULTIVIERUNG DES VORBELASTETEN

Die Aufforderung «Walk in stupid every morning» ist keine Ermutigung zur Dummheit! Es ist nicht dumm, zu erkennen, dass selbst die erfahrensten Mitarbeiter nicht unbedingt die besten Antworten haben. Frische und gute Ideen kommen oftmals von denjenigen, die unvorbelastet durch Erfahrung auf eine Sache draufschauen oder es aus einer anderen Perspektive betrachten als die sogenannten Experten.

Konkret umgesetzt wird «Walk in stupid every morning» bei Wieden & Kennedy zum Beispiel beim Staffing von Kundenprojekten: In den meisten Agenturen – gleiches gilt übrigens auch für Berater – werden diejenigen Mitarbeiter auf Kundenprojekte gesetzt, die bereits über umfangreiche Erfahrung in der Branche des Kunden verfügen. Wenn beispielsweise ein Auftrag für einen Kunden aus der Kosmetikindustrie ansteht, arbeiten üblicherweise die Mitarbeiter der Agentur mit, die bereits für andere Kunden aus der Kosmetikindustrie gearbeitet haben. Kunden finden das gut, weil sie das Gefühl haben, Branchenexperten auf ihrem Projekt zu haben. Bei Wieden & Kennedy wird diese Idee auf den Kopf gestellt: Es werden absichtlich diejenigen bei der Teamzusammenstellung ausgewählt, die nicht schon über viel Erfahrungen in der Branche verfügen. Das ist mutig. Und wir sind ziemlich sicher, dass das nicht von jedem Kunden verstanden wird...

Wie lässt sich diese Herangehensweise noch umsetzen? Wir hätten da vier weitere Vorschläge:

1. Gebt den jungen Menschen einen Platz am Tisch.
   Sie müssen weniger verlernen als die alten Hasen.
2. Stellt neben den Branchenerfahrenen auch ganz bewusst Quereinsteiger ein mit Erfahrung in anderen Branchen.
3. Sucht gezielt nach Menschen, die nicht nur stromlinienförmige Lebensläufe haben, sondern Erfahrungen in unterschiedlichen Bereichen gesammelt haben. Menschen mit einem bunten Lebenslauf!
4. Stört das «übliche Denken», institutionalisiert den Anspruch der «täglichen Fensterreinigung», um das Bild von Alan Alda nochmals aufzugreifen und macht diesen Anspruch prägnant sichtbar: Was ist in deinem Unternehmen das Äquivalent zur Schaufensterpuppe mit der Aktentasche, auf der «Walk in stupid» zu lesen ist?

20

RADICALLY OPEN-MINDED

> **«Die wahre Prüfung einer erstklassigen Intelligenz ist die Fähigkeit, zwei gegensätzliche Ideen im Kopf zu behalten und weiter zu funktionieren.»**
>
> F. Scott Fitzgerald, *Schriftsteller*

Einen offenen Geist kultivieren – wir finden, dass der englische Begriff «open-minded» diese Haltung wunderbar beschreibt: Be radically open-minded!

Natürlich glauben die meisten Menschen, dass sie aufgeschlossen sind, offen und frei von einschränkenden Glaubenssätzen und vorgefassten, starren Meinungen. Aber ist das tatsächlich so? Wie sieht es mit deiner Bereitschaft aus, eigene festgefahrene Sichtweisen zu hinterfragen und aus anderen Sichtweisen neue Chancen entstehen zu lassen, an denen du wachsen kannst? – Hier sind ein paar Fingerzeige zur Selbstreflexion:

→ Viele Menschen haben, wenn sie ehrlich sind, ein Problem damit, wenn ihre Glaubenssätze und vorgefassten Meinungen hinterfragt werden. Vor allem, wenn es um sensible Themen geht, wird abgeblockt. Das ist einerseits verständlich, denn die instinktive Abwehr dient dem Selbstschutz. Andererseits verhindert es aber auch, dass wir uns weiterentwickeln. Was für uns selbst als einzig logisches Denken sozusagen alternativlos erscheint, ist mit anderen Augen betrachtet nichts anderes als ein persönlicher Glaubenssatz und «Verführer», der unser Handlungsspektrum einengt und keine andere Lösung zulässt.

Radically open-minded bedeutet: Unterschiedliche Meinungen? Kritisches Hinterfragen meiner Glaubenssätze? Darauf lasse ich mich ein, auch wenn es unbequem ist, denn letztendlich erhöht es die Qualität meines Denkens und Handelns.

→ Viele Menschen versuchen, in Diskussionen Feststellungen zu machen und ihre Überzeugungen zu platzieren. Sie stellen eher selten offene Fragen.

Radically open-minded bedeutet: Kann ich mir sicher sein, dass meine Position die wahre ist, oder ist es möglich, dass die Position des anderen auch etwas Wahres an sich hat? Deshalb bin ich auch bereit, meine eigenen Positionen zu hinterfragen. Aber das erfordert große Bescheidenheit!

→ Für viele Menschen ist es wichtig, verstanden zu werden. Für sie steht weniger im Vordergrund, sich darum zu bemühen, die anderen wirklich zu verstehen.

Radically open-minded bedeutet: Ich betrachte die Dinge auch immer mal wieder durch die Augen von anderen Menschen. Dieser Perspektivenwechsel ist keine Ausnahme, sondern Normalität. Und das hebt wiederum die Qualität meiner Entscheidungen.

Wir finden, dass diese drei Punkte eine sehr aufschlussreiche Dechiffrierung des Prinzips der radikalen Offenheit liefern. Wer dieses Prinzip anwenden will, muss zwei Schritte gehen:

Der erste Schritt: Ziehe ehrlich Bilanz, wie aufgeschlossen du in deinen verschiedenen Lebensbereichen bist. Dazu bieten sich die drei vorgenannten Fingerzeige zur Selbstreflexion an.

Der zweite Schritt: Suche Menschen, die ebenfalls einen offenen Geist kultivieren und umgib dich gezielt mit ihnen. Pflege mit ihnen gemeinsam die ketzerische Grundhaltung! Halte Ausschau nach Irritationen! Nach Widersprüchen. Nach Musterbrüchen. Hinterfrage Standardaussagen und Standardhandlungen. Folge nicht blind den Routinen des Lebens!

Je mehr solcher Persönlichkeiten zusammenkommen, desto größer der Einfluss auf die Kultur eines Unternehmens. In einer solchen Kultur wird der Widerspruch zum Status quo nicht als Verrat an der gemeinsamen Sache angesehen, sondern als wichtiger Baustein, um zu lernen und Veränderung voranzutreiben.

Natürlich ist das keine Empfehlung, jeglichen Widerspruch blind zu akzeptieren. Das wäre dumm. Radically open-minded zu sein heißt nicht, naiv zu sein. Im Gegenteil: Es bedeutet, für andere Blickwinkel, Standpunkte und Argumente offen zu sein, ohne wankelmütig zu werden. Denn am Ende sollte dann ja – nach allen unterschiedlichen Argumenten, die gegeneinander abgewogen werden – auch eine Entscheidung stehen!

Eine einfache Frage, die aus unserer Sicht eine grandiose Therapieform gegen Engstirnigkeit ist: **Wenn zwei Menschen sich widersprechen, ist die Wahrscheinlichkeit groß, dass einer von beiden falsch liegt. Was, wenn du es bist?**

35

PUNKTE,
DIE IN KEINEM
HANDBUCH STEHEN

Die Beschäftigung auf Lebenszeit ist aus und vorbei. Das sichere «Pöstchen» gibt es nicht mehr. Früher hatte man einen Job fürs Leben. Heute hat man ein Leben voller Jobs. Das bedeutet: Wir sind auf uns selbst gestellt. Für alle, die nach ihrer Ausbildung oder dem Studium für zwanzig Jahre in ein und derselben Firma, in ein und demselben Bereich gearbeitet haben und das auch gern noch bis zum Eintritt in die Rente weiter tun möchten, sind diese Entwicklungen erschreckend. Für alle, die verstanden haben, dass sie unabhängig von der Position und der Dauer der Betriebszugehörigkeit jeden Tag aufs Neue daran arbeiten müssen, in ihrem Lebenslauf die Spalte «Kompetenzen» mit neuen Dingen aufzufüllen, ist diese Entwicklung die ganz normale Realität.

Die Umwälzung der Arbeitswelt betrifft im Kern unsere Identität und unser Wesen. Nicht nur die Arbeit verändert sich, sondern unsere gesamte Einstellung zu ihr. Der Schlüssel – und es gibt nur diesen einen Schlüssel – ist unsere innere Haltung.

Unter dieser Prämisse ist es sehr sinnvoll, über die nachfolgenden fünfunddreißig Punkte, die in keinem Handbuch stehen, nachzudenken:

1. FRAG IMMER ERST: WARUM?

2. BLEIB NEUGIERIG, EIN LEBEN LANG.

3. BEURTEILE WENIGER UND HILF MEHR.

4. FINDE IN DEINER AUFGABENLISTE DIE DINGE, DIE KEINEN WERT FÜR DEINE KUNDEN SCHAFFEN UND STREICHE SIE.

5. STÄRKE DEINE FÄHIGKEIT, MUSTER UND CHANCEN ZU ERKENNEN UND DARAUS LÖSUNGEN ZU ENTWICKELN.

6. RISKIER WAS.

7. SEI EIN AUFMERKSAMER BEOBACHTER.

8. INVESTIERE IN DEINE BILDUNG.

9. LIES VIEL UND BREIT GEFÄCHERT.

10. SEI GROSSZÜGIG MIT ANERKENNUNG.

11. TRAINIERE DEINE FÄHIGKEIT, SCHEINBAR ZUSAMMENHANGLOSE IDEEN ZU ETWAS NEUEM ZU KOMBINIEREN.

12. KULTIVIERE DEINEN UNTERNEHMERGEIST.

13. STÄRKE DIE FÄHIGKEIT, DIE EINZELNEN PUNKTE MITEINANDER ZU VERBINDEN.

14. ÜBE DICH IM AKTIVEN ZUHÖREN.

15. FINDE HERAUS, WAS NICHT FUNKTIONIERT.

16. ERKENNE DICH SELBST.

17. REAGIERE NICHT AUF NEGATIVITÄT.

18. SEI AUSDAUERND.

19. LASS DICH AUF NEUE HERAUSFORDERUNGEN EIN - UND DAS EIN LEBEN LANG.

20. HÜTE DICH VOR VORGEFASSTEN MEINUNGEN UND KULTIVIERE OFFENHEIT FÜR NEUE ERFAHRUNGEN.

21. SEI MUTIG UND GEH AN DEINE GRENZEN, WO WACHSTUM UND ENTWICKLUNG STATTFINDET.

22. LERNE VON NIEDERLAGEN UND MISSERFOLGEN.

23. BRINGE DICH AKTIV INS SPIEL FÜR PROJEKTE UND JOBS, DIE DEIN HERZ SCHNELLER SCHLAGEN LASSEN.

24. SEI VERTRAUENSWÜRDIG.

25. KULTIVIERE DIE FÄHIGKEIT, DICH IN ANDERE EINZUFÜHLEN UND DIE FEINHEITEN MENSCHLICHER INTERAKTION ZU VERSTEHEN.

26. FINDE FREUDE IN DIR SELBST.

27. WECKE FREUDE IN ANDEREN.

28. GEH BEI DER SUCHE NACH SINN UND ZWECK ÜBER DAS ALLTÄGLICHE HINAUS.

29. DURCHBRECHE DENKGEWOHNHEITEN UND -MUSTER.

30. STÄRKE DEINE ACHTSAMKEIT.

31. SEI KONSTRUKTIV NONKONFORMISTISCH UND STELLE REGELN IN FRAGE.

32. LASS DEINE ARBEIT FÜR SICH SELBST SPRECHEN.

33. FÜGE JEDEM GESPRÄCH ENERGIE HINZU.

34. SEI BESCHEIDEN, DU KÖNNTEST DICH IRREN.

35. SEI DU SELBST, DU WIRST GLÜCKLICHER SEIN.

DAS ZUKUNFTSOFFENE
MIND-
SET

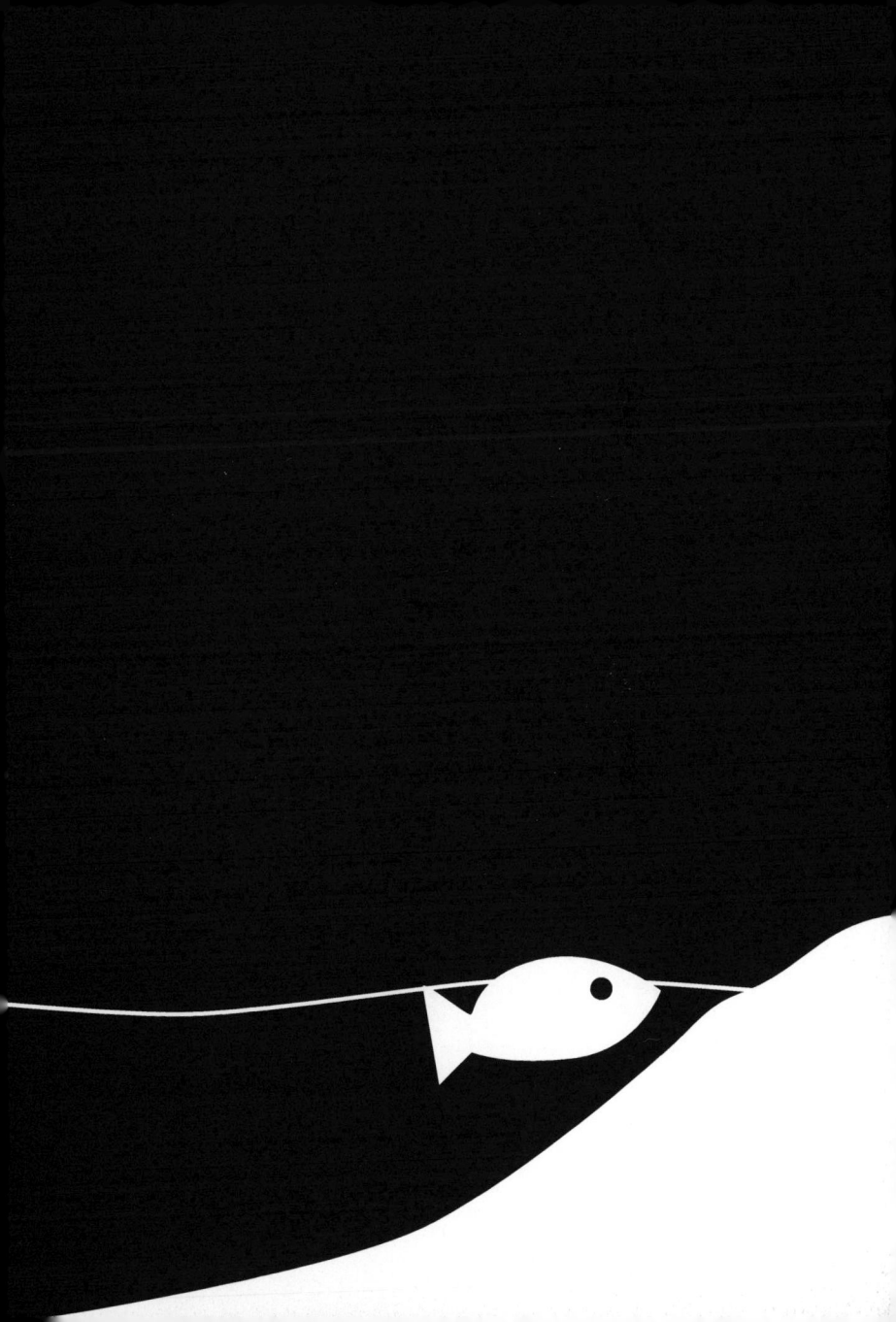

Die Not ist die Mutter der Erfindung, heißt es. Die gegenwärtige Krise ist ein unfreiwilliger Beleg dafür. Plötzlich müssen wir mit reduzierten Ressourcen klarkommen, mit stornierten Aufträgen und massiven Umsatzeinbrüchen. Diese neue Realität bringt unkonventionelle Lösungen hervor.

Aus der Situation geboren, probieren Menschen Neues. Einfach mal machen. Nicht perfekt, nicht hundertfach abgesichert. Loslegen. Lernen. Nachjustieren. Und weiter. Also so ziemlich das Gegenteil des üblichen Vorgehens, bei dem man gern erst einmal darüber debattiert, was alles nicht geht. Experimentierfreude, das schnelle Umsetzen von neuen und nicht perfekten Lösungen, Lust am Sprung ins Ungewisse, einfach mal machen – darin sind wir, wenn wir ehrlich sind, nicht allzu gut geübt.

Nun muss es aber doch gehen. Und siehe da: Es bewegt sich was. So schnell hat die Arbeitswelt schon lange keinen Paradigmenwechsel mehr durchlaufen. Und erstaunlicherweise haben die Menschen auch keine monatelangen Changeprogramme gebraucht, um sich mit der neuen Situation anzufreunden.

Das ist die Ironie, die in der Krise steckt. Der wirtschaftliche Einbruch ist dramatisch, gleichzeitig sind die veränderten Bedingungen aber auch ein energischer Anschub für die Digitalisierung. So rückt beispielsweise, nachdem man gefühlt bereits Jahrzehnte darüber diskutiert hat, die Telemedizin in den Fokus und Ärzte bieten virtuelle Sprechstunden an. In den Unternehmen werden Bürotelefone datenschutzkonform auf Handys umgeleitet, gearbeitet wird im Homeoffice. Videokonferenzen ersetzen Präsenztreffen und lassen geographische Distanzen auf ein Minimum schrumpfen.

Wir sehen es auch bei uns selbst: Anfang des Jahres war es noch vollkommen selbstverständlich, dass wir uns in den Zug gesetzt haben und von Heidelberg zum Vortragstermin nach Hamburg gereist sind. Das kostet in der schnellsten Variante fünf Stunden und einundzwanzig Minuten Fahrzeit – verspätete Züge, Technikstörungen und nicht fahrende Züge aufgrund fehlender Lokführer nicht eingerechnet. Inzwischen überbrücken wir die räumlich Distanz in wenigen Sekunden – bis sich die Videoconferencing-App am Laptop öffnet. Und es funktioniert. Mit Formaten, die für die virtuelle Welt angepasst sind und natürlich anders laufen als Live-Veranstaltungen vor Ort.

DAS IST DIE POSITIVE SEITE DER KRISE: ANDERS DENKEN, ANDERS MACHEN IST DAS GEBOT DER STUNDE.

Was wir dazu brauchen: Ein offenes Mindset. Geschwindigkeit und Flexibilität. Experimentierfreude und unkonventionelle Lösungen. Abschied von Formalismus und bremsendem Perfektionismus. Die Bereitschaft, einfach mal was auszuprobieren, weil die Situation es verlangt.

HINTER DEM DUNKLEN HORIZONT

Unternehmen scheitern, wenn sie zu viel in das investieren, was ist, und zu wenig in das, was sein könnte. Insofern ist die Corona-Krise auch eine Gelegenheit zum Umdenken. Nicht die Krise diktiert die Zukunftsagenda für Unternehmen, sondern Menschen, die bereit sind, alte Gewissheiten radikal zu hinterfragen und Zukunftsfragen von zentraler Bedeutung in die Debatte zu holen: Was kommt? Was bleibt? Was muss nach dieser Krise dringend anders werden?

Was wir in diesen Tagen allerdings häufig hören, ist: «Ja, darüber sollte man mal nachdenken. Aber leider haben wir dafür gerade keine Zeit.»

Alles, was wichtig ist, um die Zukunft zu gestalten, wird mit der aktuellen Überlastung abgeblockt. Aber die Geschichte lehrt uns etwas anderes. Visionäre Anführer haben nicht einfach nur auf die unmittelbaren Bedrohungen reagiert, mit denen sie konfrontiert waren. Sie haben auch über den dunklen Horizont hinausgeschaut. Sie wurden von ihrer Vision einer besseren Zukunft geleitet, also das, was kommen sollte, wenn die Herausforderungen bewältigt worden sind.

Das ist also die Frage – insbesondere für alle Führungskräfte: **Wie sieht unser Zukunftsbild aus, wenn wir über den dunklen Horizont hinausschauen?**

> «*Es spielt keine Rolle, wie schön Ihre Theorie ist, es spielt keine Rolle, wie klug Sie sind. Wenn das Experiment sie nicht bestätigt, ist sie falsch.*»
>
> Richard Feynman, *amerikanischer Physiker und Nobelpreisträger*

Wenn sich nicht nur Technologien, Märkte und Geschäftsmodelle in Rekordzeit verändern, sondern die komplette Welt immer volatiler und unberechenbarer wird, gibt es dann eigentlich noch eine Strategie, die diesen Namen verdient? Ja schon, … aber sie hat ihr Wesen komplett verändert. **Die moderne Strategie ist das Experiment.**

Zukunft erschließt sich nicht dadurch, dass wir sie vorhersagen, was ohnehin ein fruchtloses Unterfangen ist, sondern indem wir versuchen, sie zu finden. Und das Finden gelingt durch fortwährendes Suchen. In diesem Sinne sind **Experimente also eine Art Suchstrategie.**

Facebook-Chef Mark Zuckerberg sagt: «Der wahre Kern unseres Erfolgs liegt in diesem System des permanenten Testens … Zu jedem Zeitpunkt gibt es nicht nur eine Version von Facebook. Wahrscheinlich sind es 10.000!»

Jeff Bezos, Gründer und CEO von Amazon, sekundiert: «Unser Erfolg ist eine direkte Folge der Anzahl der Experimente, die wir jedes Jahr, jeden Monat, jede Woche, jeden Tag machen.»

Was beide sagen ist, dass das Experimentieren nicht eine Strategie unter vielen anderen ist. Sondern, dass das Experimentieren DIE Strategie ist.

Für diese These könnten wir noch etliche Gewährsleute aufstellen: James Dyson zum Beispiel. Bevor er 1993 mit dem Dyson DC01 sein erstes eigenes Modell des beutellosen Staubsaugers auf den Markt brachte, hatte er zuvor an 5.127 Prototypen gearbeitet: Das waren 5.127 Experimente. Noch Fragen? Experimente sind informierte, durchdachte Wetten auf die Zukunft. Allerdings lässt sich der Ausgang dieser Zukunftswetten nie vollständig vorhersagen. Wer experimentiert, stößt auf Sackgassen, Irrtümer und Fehleinschätzungen. **Experimente, deren Ausgang sicher ist, sind keine. Sie werden zwar so verkauft, sind aber dreister Etikettenschwindel.**

Beispiel Amazon. In seinem Brief an die Aktionäre spricht Jeff Bezos sehr ausführlich über die **Bedeutung von Experimenten** und den **Umgang mit Fehlschlägen**. Beides, so Bezos, gehört untrennbar zusammen. «Ein für uns besonders charakteristischer Bereich ist meiner Meinung nach das

Scheitern. Ich glaube, wir sind der beste Ort auf der Welt, um zu scheitern (wir haben viel Übung), und Scheitern und Erfindung sind unzertrennliche Zwillinge. Um zu erfinden, muss man experimentieren, und wenn man im Voraus weiß, dass es funktionieren wird, ist es kein Experiment.»

Und er beschreibt dann eine Absurdität, die wir auch zigfach so erlebt haben: «Die meisten großen Organisationen befürworten die Idee der Erfindung, sind aber nicht bereit, die lange Reihe an gescheiterten Experimenten zu ertragen, die notwendig ist, um dorthin zu gelangen.»

Der Wunsch nach Experimenten, die garantiert gelingen, ist ebenso paradox wie der Wunsch, in den Himmel zu kommen, ohne vorher sterben zu müssen.

GARANTIERT OHNE GELINGGARANTIE

Irrtümer und gescheiterte Experimente sind die natürlichen Wegmarken auf der Suche nach neuen Lösungen. Theoretisch sind damit viele einverstanden, in der Praxis kommt dieses Denken einer Revolution gleich. Denn Misslingen und Scheitern gelten hierzulande immer noch als größter anzunehmender Unfall. Dieses Denken hat seine Wurzeln im Industriezeitalter. Eine Maschine produziert massenhaft und eine falsche Einstellung macht die ganze Produktion zu-

nichte. In der industriellen Massenproduktion sind Abwei-
chungen von der Norm fatale Fehler. Also gilt es, diese zu
verhindern. Dazu sind rigide Soll-Vorgaben, die unbedingt
einzuhalten sind, sinnvoll.

Aber so zweckmäßig dieses Denken im Kontext der industriellen Massenproduktion ist, so fatal ist es, wenn es zum
Denk- und Verhaltensstandard in einer Welt erhoben wird, in
der Wohlstand und Weiterentwicklung nicht mehr länger auf
der Reproduktion der schieren Masse fußen. Die Antwort auf
eine komplexe, sich verändernde Welt liegt also nicht in noch
mehr Soll-Vorgaben. Je mehr es davon gibt, desto

→ mehr mutiert die Organisation zu einer Maschine.

→ langsamer wird das Unternehmen.

→ mehr werden die Mitarbeiter dazu erzogen,
    Vorgaben-Befolger zu sein.

Innovation? Mutiges Denken? Neue Ideen entwickeln? – Ja
bitte, aber gleichzeitig soll das Neue mit Gelinggarantie kommen. Es soll sich nahtlos einfügen. Soll schnell umsetzbar
sein. Soll wenig kosten. Soll auf Anhieb funktionieren. Und so
wird das Bestehende ausgereizt bis Absurdistan.

**In gewissem Sinne sind fehlgeschlagene Experimente
sogar die Bausteine des Erfolgs.**

Wer ängstlich davor zurückschreckt, bleibt bei dem, was er kann und was vertraut ist. Deshalb ist es so wichtig, im Unternehmen eine Lernkultur zu kultivieren, die diesen Namen auch verdient. Das funktioniert nicht durch blumige Ankündigungen der Unternehmensführung. Das funktioniert nur, wenn mit Hartnäckigkeit und Konsequenz an der Veränderung des Mindsets gearbeitet wird. Das ist hartnäckige Bewusstseinsarbeit, getragen von der Überzeugung, dass Erfolg sich einstellt, wenn wir die Zukunft gestalten.

Und das wiederum bedeutet, sich ab und zu auch mal eine blutige Nase zu holen.

BRING LICHT IN DEN DUNKLEN RAUM

«Es braucht Bescheidenheit, um zu erkennen, dass wir nicht alles wissen, dass wir uns nicht auf unseren Lorbeeren auszuruhen können, dass wir weiter lernen und aufmerksam beobachten müssen. Wenn wir das nicht tun, können wir sicher sein, dass irgendein Start-up da sein wird, um unseren Platz einzunehmen.»

Cher Wang, *Gründerin des taiwanesischen Smartphone Herstellers HTC*

Die Zukunft ist ein dunkler Raum. Du öffnest die Tür zu diesem Raum und siehst erst einmal das, was unmittelbar vor dir liegt. Vielleicht kannst du mit der Zeit schemenhaft Dinge erkennen. Aber du kannst dir nicht wirklich sicher sein, ob das, was du da zu erkennen glaubst, auch tatsächlich das ist, was du denkst.

Niemand kann mit Sicherheit voraussagen, wie beispielsweise die Zukunft nach Corona aussehen wird. Nur eines ist sicher: Sie wird deutlich anders sein, als wir sie uns vorstellen können. Auf Unternehmensebene stellen sich Fragen wie: Bieten wir ganz andere Produkte und Dienstleistungen an für einen zukünftigen Markt? Ist es klug, unser Geschäftsmodell deutlich zu verändern? Sollten wir daran arbeiten, ganz neue Kunden und Kundensegmente für uns zu gewinnen? Tauchen

BRING LICHT IN DEN DUNKLEN RAUM

neue Wettbewerber auf, die bis dato noch gar nicht auf unserem Radar sind? Wird es uns so wie in der heutigen Form in Zukunft überhaupt noch geben?

Die Frage ist, wie wir mit diesen vielen offenen Fragen, mit der Unvorhersehbarkeit des dunklen Raums und der damit verbundenen Unsicherheit klarkommen. – Grundsätzlich gibt es zwei Wege:

WEG 1: Wir versuchen, alle Eventualitäten einzuschätzen, Szenarien auszumalen, alles zu durchdenken, zu berücksichtigen, durchzurechnen. Das ist eine Form der Defensive: Wir akzeptieren die prinzipielle Unbeantwortbarkeit der offenen Fragen nicht und versuchen zumindest, uns den Antworten anzunähern, um einen Rest von Planbarkeit zu erhalten. Aber wie Sheryl Sandberg, COO von Facebook, sagt: «Wer sich heute einen Plan für morgen macht, ist morgen vielleicht auf die Möglichkeiten von heute beschränkt.»

WEG 2: Wir entwickeln eine klare Idee, in welche Richtung wir gehen wollen und ... legen los! Wir nutzen jene Mittel, die da sind, machen, was möglich ist, probieren aus, lernen, adaptieren und improvisieren. Loslaufen und lernen, lernen, lernen! Und sicherlich werden wir dabei im dunklen Raum irgendwo gegen eine Wand laufen, stolpern und auch mal ausrutschen. Dann heißt es: Aufstehen und weiterlaufen!

Welcher Weg ist der bessere in einem dunklen Raum? Klar: Weg 2. Weg von einem linearen, vorausplanenden Vorgehen zu einem iterativen experimentierfreudigen Vorgehen.

Aber leider liegt gerade uns Deutschen eher Weg 1: ingenieurmäßig, wissensgetrieben, zuverlässig, planbar. Um Missverständnissen vorzubeugen: Diese Tugenden sind überhaupt nicht verkehrt. Sie haben uns dahin gebracht, wo wir heute sind: Deutschland gehörte lange Zeit zu den Wohlstandsgewinnern mit seiner Industrie, die auf Norm, Standard und Planbarkeit baut.

Leider steht uns aber genau dieses Erbe im digitalen Zeitalter massiv im Weg. Denn trotz aller Liebe zur Planung, lässt sich die Zukunft nicht handlich in A-, B- und C-Szenarien verpacken. Natürlich sind Szenarien kein Fehler, aber sie geben eben nur eine Scheinsicherheit.

Boxlegende Mike Tyson hat es markant auf den Punkt gebracht: **«Everyone has a plan until they got punched in the mouth.»** Wenn Weg 2 derjenige ist, der uns in die Zukunft führt, dann sind drei Dinge zu berücksichtigen:

1. Alles beginnt mit einem Ziel

Es ist eine schlechte Idee, einfach mal so loszulaufen, ohne Ziel und Richtung – mal schauen, wo es einen hintreibt. Was es braucht, ist ein klares Einverständnis über das Ziel und damit auch bei allen in der Organisation ein gemeinsames Verständnis, wo man hinwill. Was allerdings zu vermeiden ist: alle Details festlegen wollen. Denn wenn wir zu früh die Details festlegen, werden sie uns einengen und eher verhindern, dass wir das Ziel erreichen, als hilfreich zu sein. Die Haltung muss darum sein: Lass uns die Details finden, wenn wir dorthin unterwegs sind!
Bei der Zielsetzung ist es sinnvoll, anspruchsvolle Ziele festzulegen. Denn lauwarme, defensive Ziele im Sinne von Wie-wir-irgendwie-über-die-Runden-kommen oder Wie-wir-den-Status-dann-doch-irgendwie-verteidigen-können werden nur zu lauwarmen Ergebnissen führen. Im Umkehrschluss: Anspruchsvolle Zielsetzungen sind attraktiv, gerade weil sie wichtige Veränderungen ins Visier nehmen und/oder die Realisierung von Vorhaben, die eigentlich nicht möglich zu sein scheinen oder die Beseitigung eines großen Übels versprechen.

Der Meister der visionären Ziele ist zweifelsohne Elon Musk: «Ich sage etwas, und dann passiert es für gewöhnlich auch.

Nicht immer pünktlich, aber es passiert.» Zum Beispiel *Tesla* oder *The Boring Company* oder *Hyperloop* oder *SpaceX* oder ... Jemand, der als Ziel ausgibt, Menschen mit 1.200 km/h durch Röhrenbahnen zu schießen, den Mars zu besiedeln, Touristen ins All oder zum Mond zu fliegen oder die Automobilindustrie zu revolutionieren, galt bis vor kurzem nicht als Visionär, sondern als verrückter Spinner, als Blender und Großmaul. Bis Elon Musk kam und begann, solche Ziele konsequent zu umzusetzen ... Mittlerweile unterschätzt ihn keiner mehr.

2. Trittsicherheit

Trotz der visionären Ziele, die Musk verfolgt, geht es ihm keineswegs darum, alles auf eine Karte zu setzen. Ein Visionär ist kein Hasardeur. Stattdessen setzt er einfach einen Fuß vor den anderen. Er probiert aus, testet, experimentiert. Natürlich gibt es dabei Rückschläge. Musk sagt von sich, dass er zwar Angst habe vor dem Scheitern, ist aber ebenso der Meinung, dass es manchmal nötig sei.

Das ist auch das Motto von Jeff Bezos, der kaum weniger visionär als Elon Musk ist. Seine Firma Blue Origin ist wie SpaceX ein Raumfahrtunternehmen. Das Ziel: zunächst suborbitale Flüge für Touristen mittels wiederverwendbarer Flugsysteme. Außerdem arbeitet Blue Origin an dem Mondlandegerät Blue Moon. Das Motto des Unternehmens lautet «Gradatim Ferociter». Übersetzt heißt das etwa: Schritt für Schritt, aber fest entschlossen. Also nicht hektisch ein Ziel verfolgen, sondern klug und intelligent, Schritt für Schritt und nicht gleich im Scheinwerferlicht.

Bezos sagt, dass es im Grunde darum geht, keinen einzigen Schritt auszulassen. Jeder Schritt ist notwendig. «Der Fortschritt braucht Zeit, es gibt keine Abkürzungen. Aber du solltest jeden einzelnen Schritt mit großer Leidenschaft und Entschlossenheit setzen.»

Kleine und schnelle Schritte verbunden mit Experimenten führen oft zu großen Erkenntnissen und Fortschritten. Das ist wesentlich effektiver als große Planungen.

3. Die iterative Schleife: Build-Measure-Learn

Auch wenn wir unser anspruchsvolles Ziel kennen und tausend Schritte machen, wird der Raum nicht zwangsläufig hell werden. Was in diesem Prozess noch fehlt: nach jedem Schritt messen, was gerade passiert ist, daraus lernen und den folgenden Schritt anpassen. Prinzipiell orientiert sich diese Vorgehensweise an der von Eric Ries entwickelten Lean-Startup-Methode mit der Build-Measure-Learn-Feedbackschleife:

Bauen: Das Entwickeln und Durchführen eines Experiments. Kein Riesenschritt, kein gigantisches Experiment, sondern ein kleiner Schritt.

Messen: Was passiert? Erfüllt das Experiment oder der Schritt die Erwartungen? Was passt, was passt nicht? Welche Erkenntnisse können wir aus dem Schritt ableiten?

Lernen: Wie können wir basierend auf diesen Erkenntnissen den nächsten Schritt und das nächste Experiment nachjustieren?

Dieser Prozess wiederholt sich ständig, um dazuzulernen und ständig etwas mehr Licht in den dunklen Raum zu bringen. Es ist also eine Verschmelzung von Handlung und immer neuer Planung, ein Nie-fertig-sein, Nie-sicher-sein und Immer-weiter-denken. Alles, um Chancen beim Schopf zu ergreifen, sich vorwärts zu bewegen, hin und wieder auch mal zu stolpern und schließlich doch ans Ziel zu gelangen. Wenn die Zukunft ein dunkler Raum ist, kannst du die Dunkelheit entweder verfluchen – oder du zündest Experimente als deine Kerzen an.

(24)

ENTWICKLE TOLERANZ FÜR FEHLSCHLÄGE

> *«Failure is an option here.*
> *If you are not failing, you are not*
> *innovating enough.»*
> Elon Musk

Es ist derzeit ziemlich hip und angesagt, Fehler zu machen. «Feiert Fehler» heißt das dann. Oder: «Warum es ein Fehler ist, keine Fehler zu machen.»

Das klingt cool und hat Power – es gibt nur einen Haken: «Wollen» und «Sein» klaffen kilometerweit auseinander. Das ist das erste Problem in vielen Unternehmen. Das zweite Problem ist, dass im Eifer allen Redens über die sogenannte «Fehlerkultur» unterschiedliche Dinge vermischt werden.

Ohne Frage ist es so, dass eine Fehlerkultur, wie sie eigentlich gemeint ist, enorm wichtig, ja, sogar entscheidend dafür ist, ein Unternehmen zur lernenden Organisation zu machen. **Deshalb ist Lernkultur tatsächlich das bessere Wort.** Wenn in deinem Unternehmen wieder mal die Fehler und die Fehlerkultur beklatscht werden, sprich einfach ganz selbstverständlich von Lernen und Lernkultur!

Hinter dem Begriff Fehlerkultur steckt außerdem eine sprachliche Feinheit, eine Unklarheit, ein Missverständnis, dem nur durch ein wenig mehr Differenzierung beizukommen ist: Wenn Elon Musk oder sonst eine angelsächsische Führungskraft von «*failure*» spricht, dann ist damit korrekt übersetzt ein *Misserfolg* gemeint, ein *Fehlschlag*, ein *Misslingen* – und nicht ein *Fehler*, denn der hieße im Englischen *mistake* oder *error*. Der gegenwärtige Hype um die Fehlerkultur vertauscht diese beiden Kategorien, nämlich **Fehler und Fehlschläge**. Was sich im ersten Moment wie Wortklauberei anhört, ist in Wahrheit ein himmelweiter Unterschied.

1. **Ein Fehler** ist die Abweichung eines Zustands, Vorgangs oder Ergebnisses von einem Standard, von den Regeln oder von einem Ziel. Es geht also ausdrücklich um etwas, das in einer Umgebung passiert, in der es Standards, Regeln und klare Zielvorgaben gibt. Wenn also beispielsweise ein folgenschwerer Zahlendreher oder eine Verletzung der Sorgfaltspflicht passieren, dann klaffen «Ist» und «Soll» auseinander. Das ist nicht okay. Soll-Ist-Abweichungen sind Fehler und die sollten vermieden werden. So wie unlängst in Hessen passiert, als ein Banker statt 62,40 Euro aus Versehen 222,2 Millionen Euro überwiesen hat. Das ist definitiv nichts, das in einer vorbildlichen Lernkultur gefeiert werden sollte. Deswegen nennen Banker solche Tippfehler auch Fat-Finger-Error – also Wurstfinger-FEHLER.

2. Fehlschläge meinen ganz einfach jede Form des Nicht-Funktionierens im Zusammenhang mit Experimenten und dem Betreten von Neuland. Dort können wir im Vorhinein oft gar nicht wissen, was richtig und was falsch ist. Dennoch muss etwas getan werden. Dementsprechend ist die blutige Nase, die wir uns beim Experimentieren holen und der Fehlschlag, den wir verkraften müssen, kein Fehler im eigentlichen Sinn, sondern ein misslungener Versuch, ein fehlgeschlagener Test. Und danach beginnt das eigentlich Spannende: Jedes missratene Experiment enthält jede Menge Informationen darüber, was nicht funktioniert und darüber, was stattdessen funktionieren könnte. Jeder Fehlschlag ist somit eine Chance; etwas zu lernen und wir werden nach jedem fehlgeschlagenen Versuch ein kleines bisschen klüger als zuvor.

Bezüglich dieser Erkenntnis leben wir allerdings in einer Zweiklassengesellschaft. Es gibt diejenigen, die verstanden haben, dass ohne Versuch niemand klug wird. Diese Menschen hinterfragen Überzeugungen, spüren neue Einsichten auf und wagen Experimente. Genau das bringt nicht nur sie selbst weiter, sondern unsere Wirtschaft und Gesellschaft als Ganzes. Das ist aber nur ein kleinerer Teil unserer Gesellschaft. Noch.

Der bei weitem größere Teil der Menschen hierzulande verschanzt sich hinter dem Irrglauben, dass Fehlschläge und Irrtümer schwarze Flecken auf der weißen Weste sind und deshalb tunlichst vermieden werden müssen. Das Festhalten an den Glaubenssätzen, die im Kontext der Massenproduktion richtig waren – aber heute eben nicht mehr – hat gravierende Nebenwirkungen: Es wird viel zu wenig ausprobiert. Und wenn, dann auch nur in den engen Bahnen der Weiterentwicklung des Bestehenden.

Dabei wird wahnsinnig viel Potenzial verschenkt: **Wer Fehlschläge vermeidet, verpasst die damit verbundenen Erfahrungen und Erkenntnisse, verliert die damit verbundene Initiative, zementiert die Gegenwart auf Kosten der Zukunft.**

Das muss sich ändern. Dringend. Dieses Mindset zu ändern ist uns nicht nur ein Anliegen in diesem Buch, sondern darüber hinaus ein Herzensanliegen in allen Lebenslagen. Wir halten es beim Umgang mit unseren misslungenen Experimenten mit dem Management-Philosophen Charles Handy, der mal gesagt hat, dass die meisten Dinge, die er gelernt hat, nicht aus dem Lehrbuch stammen, sondern sich aus Zufällen und Fehlschlägen ergeben haben. «Ich habe aus den kleinen Katastrophen gelernt», gibt Handy zu. Damit ist er nicht allein: Wenn es Pokale für die besten Irrtümer und Fehlschläge gäbe, wäre unser Trophäenschrank voll davon.

25

ZIEH,

DEM FEHLSCHLAG

DEN

STACHEL

> *«Hüten wir uns davor, aus Schaden dumm zu werden.»*
>
> Karl Kraus, *Satiriker, Publizist, Schriftsteller*

Wenn etwas schiefläuft, dann ist die typische Reaktion der ausgefahrene Suchfinger: «WER hat das gemacht? WER ist der Schuldige?»

Natürlich weiß jeder, dass das keine vernünftige Lernkultur ist. Natürlich hat sich längst herumgesprochen, dass eine solche Reaktion die Angst vor missglückten Experimenten erhöht und dass nichts innovationsfeindlicher ist als die Angst vor Fehlschlägen. Jedem, der auch nur einen Funken gesundem Menschenverstand besitzt, leuchtet es ein, dass es darum geht, aus fehlgeschlagenen Versuchen zu lernen und nicht den «Schuldigen» zu bestrafen. **Denn ein Unternehmen, in dem sich keiner mehr etwas traut, ist wettbewerbstechnisch gesehen tot.**

Das ist ja auch ganz logisch und völlig unbestritten. ABER: Obwohl es so ziemlich alle verstanden haben, gibt es noch immer ein riesiges Umsetzungsdefizit. Der Satz «aus Schaden wird man klug» hält dem Realitäts-Check in den meisten Unternehmen einfach nicht stand. Fehlschläge und missglückte Versuche machen in Wahrheit unattraktiv, sind in Wahrheit nicht gewollt. DAS ist immer noch die herrschende Doktrin – und alles andere sind schöne Sonntagspredigten.

Es ist also ganz offensichtlich alles andere als einfach, dem Fehlschlag den Stachel zu ziehen. Unsere Frage ist darum: Wie lässt sich GANZ KONKRET eine innovationsfreundliche, praktikable Lernkultur schaffen?

Die Antwort: Es gibt kein Patentrezept! Wir wissen nicht, wie es in deinem Unternehmen funktionieren wird. Wir können es gar nicht wissen.

Aber wir können zumindest zwei Anregungen geben und dich inspirieren, sie zu adaptieren, dir daraus etwas Passendes zu bauen, sie für dein Unternehmen anzupassen und weiterzuentwickeln.

Kern beider Ideen ist Erkenntnis, dass der hartnäckige Widerstand gegen eine experimentierfreudige Innovationskultur eine emotionale Ursache hat. Fehlschläge fühlen sich schlecht an. Experimente sind per se risikobehaftet, denn sie können schiefgehen. Und das tut weh. Und bringt keine Anerkennung. Was also tun?

1. Fehlschläge differenzieren

Während die meisten Mitarbeiter sehr gut Erfolge erkennen und benennen können, fällt es ihnen schwer, Fehlschläge zu differenzieren. KPIs runterbeten – kein Problem.

Aber Fehlschläge? Die fühlen sich IMMER schlecht an. Deshalb ist es so wichtig, «gute» Fehlschläge festzulegen: Sie sind notwendig, lehrreich, wertvoll und erwünscht. Andererseits müssen aber auch «schlechte» Fehlschläge definiert werden: Sie sind gefährlich, weil sie zu sehr ins Risiko gehen und dabei eine solche Sprengkraft entwickeln können, dass sie dem Unternehmen nachhaltig schaden. Solche Fehlschläge sind gefährlich bis tödlich. Frage dich also: Welche Sorte Fehlschläge sind wertvoll und lehrreich? Also zum Beispiel eine neue Produktidee, die sehr gut ausgedacht und geplant war, aber dennoch bei den Testkunden gefloppt ist. Solche Fehlschläge sollten unternehmensweit geteilt werden, damit alle verstehen, was übersehen wurde und was zukünftig besser und klüger gemacht werden kann. Ziehe also eine klare, verständliche Grenze und definiere ein Gebiet, innerhalb dessen Fehlschläge «clevere Fehlschläge» sind. Fragen, die dabei helfen können:

→ Was genau macht einen Fehlschlag bei dir im Unternehmen zu einem «cleveren Fehlschlag»?

→ Woran erkennt man einen schlechten Fehlschlag?

→ Welche Vorgehensweise oder welche Prozesse charakterisieren einen cleveren Umgang mit Risiken?

→ Welche Beispiele gibt es in deinem Unternehmen
für «clevere Fehlschläge»?

2. «Clevere Fehlschläge» belohnen

Das ist eine sehr wirksame und nachhaltige Botschaft an
alle Mitarbeiter, die unterstreicht, welches Verhalten
erwünscht und gewollt ist. Mit «belohnen» meinen wir
übrigens nicht Boni oder Prämien. Viel wirksamer ist
soziale Anerkennung. Ein prägnantes Beispiel dafür
kommt vom indischen Mischkonzern Tata: Im Rahmen des
«Innovista-Programms» werden dort jährlich die besten
Innovationen und die smartesten Fehlschläge ausgezeichnet. Letztere werden mit dem sogenannten «Dare To Try
Award» prämiert.

Im Jahr 2007, dem ersten Jahr dieser Idee, gab es in dieser
Kategorie gerade mal zwölf Teams, die sich um den «Dare
To Try Award» beworben haben. Das typische Zögern ...
Aber dann kam der Moment, der sehr viel in Bewegung
gebracht hat: CEO Ratan Tata kam auf die Bühne und
gratulierte den Gewinnern des Innovationspreises ebenso
wie den Gewinnern des «Dare To Try Awards». Beides in
einem Zug. Er stellte damit die smarten Fehler symbolisch
mit den Erfolgen auf eine Stufe. Was für eine mächtige
Botschaft!

Innerhalb der ersten sieben Jahre nach Einführung des «Dare To Try Awards» hat sich die Zahl der Teams, die sich um diesen Preis beworben haben, mehr als vervierzehnfacht! Die öffentliche Gratulation hat dazu beigetragen, dass sich die Wahrnehmung der «cleveren Fehlschläge» im Unternehmen gewandelt hat.

Die Wechselwirkung ist klar: Die Belohnung cleverer Fehlschläge ist für eine Kultur der Risikobereitschaft unerlässlich. Und eine solche Kultur hat wiederum positive Auswirkungen auf die Anzahl und die Kühnheit der Ideen, die entwickelt und vorangetrieben werden. Und das stärkt wiederum die Position des Unternehmens und dessen Zukunftsfähigkeit ...

Also: Alle Unternehmen wollen innovativ sein. Aber nur wenige tolerieren Fehlschläge. Es gibt aber keine Innovationskultur, die diesen Namen verdient, wenn missglückte Versuche eine glatte Zehn auf der Geht-gar-nicht-Skala sind!

Mitarbeiter müssen im Schlaf herunterbeten können, was einen cleveren Fehlschlag von einem schlechten Fehlschlag unterscheidet. Und die Mitarbeiter brauchen die soziale Anerkennung für die gewünschten, cleveren Fehlschläge, die sie verdienen.

26

LERNE
JONGLIEREN
FÜRS LEBEN

ICH MAG
DEN ZIRKUS
NICHT!

HILFE, ICH
FALLE!!!!

KEINE SORGE!
IST JA NUR EINE
METAPHER.

«Wir bei Alessi sind stolz auf unsere Flops. Wenn wir mal zwei oder drei Jahre keine Niederlage erleben sollten, bedeutet das nichts anderes, als dass wir uns in höchster Gefahr befinden. Ein Unternehmen ohne Fehlschläge ist kreativ tot.»
Alberto Alessi, *Gründer der gleichnamigen Designfabrik*

Peter war in einem früheren Leben ein Zirkuskünstler. Das vermuten wir jedenfalls. Das könnte nämlich die Erklärung dafür sein, warum ihn das Jonglieren so sehr fasziniert. Kein Jongleur in der Fußgängerzone, bei dem er nicht stehen bleibt und Geld in den Hut wirft. Und natürlich hat Peter irgendwann selbst jonglieren gelernt … und ist dann darauf gekommen, dass sich vom Jonglieren sehr viel fürs Leben lernen lässt.

LEKTION NUMMER 1: Werfen ist wichtiger als fangen

Die meisten Anfänger denken, dass das Entscheidende beim Jonglieren das Fangen der Bälle sei. Beobachtet man Leute, die jonglieren lernen, wird genau das offensichtlich: Sie machen alle möglichen Verrenkungen, um die Bälle zu fangen. Wer aber den Könnern zuschaut – beispielsweise in

der Fußgängerzone – der erkennt, dass deren gesamter
Fokus auf dem gleichmäßigen In-die-Luft-werfen liegt.
Die Fähigkeit, gut werfen zu können, hat zur Folge, dass sich
das Fangen praktisch von selbst erledigt. Wer hingegen
seinen gesamten Fokus auf das Fangen richtet, muss
feststellen, dass die Würfe dadurch schlechter werden und
dadurch wird das Fangen schwieriger, wodurch die Würfe
noch schlechter werden – auf diese Weise setzt sich eine
Abwärtsspirale in Gang, aus der man nicht mehr heraus-
kommt, und die Bälle werden ratzfatz auf dem Boden liegen.
Da sind erstaunliche Parallelen zum Leben und zur Arbeit.
Die meiste Zeit sind wir im Fangmodus unterwegs:
Fang schnell das, was da gerade kommt. Wir reagieren.
Der Fokus ist immer auf den Ball gerichtet, der auf den
Boden zu fallen droht, also das, was am dringendsten ist
oder am lautesten schreit.
Was das Jonglieren in dieser Hinsicht lehrt:
**Der herausfordernde Part ist nicht das Reagieren (Fangen),
sondern das Agieren (Werfen).** Wer will, dass es läuft,
muss die Initiative ergreifen. Und zwar mit Ruhe und
strategischer Weitsicht – und nicht so, wie es die Macht des
Faktischen diktiert.
Im Ergebnis muss man sich dramatisch weniger Gedanken
um das Fangen machen – das passiert automatisch. Du

gewinnst Zeit, verfällst weniger in Hektik und außerdem fallen weniger Bälle auf den Boden.

Werfen ist wichtiger als Fangen – und Agieren ist wichtiger als Reagieren.

LEKTION NUMMER 2: Bälle, die auf den Boden fallen, sind Teil des Spiels

Es gibt ein großartiges Buch, um das Jonglieren zu lernen. Der Titel: *Juggling for the Complete Klutz*. Das Überraschende gleich zu Beginn: Die Autoren beginnen nicht damit, zu erklären, wie man zwei oder drei Bälle in die Luft wirft und wieder auffängt. Die erste Lektion in diesem Buch lautet: Drei Bälle in die Luft werfen und ... fallen lassen. Und dann nochmal ... fallen lassen. Und nochmal und nochmal ... fallen lassen.

Die Idee dahinter ist ebenso verblüffend wie bestechend: Der Jonglieranfänger will die Bälle in der Luft halten, hat also Angst, dass sie herunterfallen. Diese Angst zehrt einen großen Anteil der vorhandenen Aufmerksamkeit und Energie auf, die dann nicht für das Lernen zur Verfügung steht. Angst vor Misserfolg lähmt Erfolg. Das Gegenmittel: Gewöhne dich erstmal an das Herunterfallen, bis du es nicht mehr als Misserfolg empfindest! Und ohne die Angst zu versagen, wird das Jonglieren dann sehr viel einfacher.

Auch hier geht es gar nicht nur ums Jonglieren, sondern um das experimentierfreudige Mindset. Zu experimentieren, also Neues zu entdecken oder zu gestalten, funktioniert nicht mit der Gelinggarantie. Es ist Teil des Spiels, dass immer mal ein Ball runterfällt.

Aber genau das versucht man in vielen Unternehmen, um jeden Preis zu vermeiden. **Man konzentriert alle Kraft darauf, die Zahl der Flops zu verringern. Doch damit kommt auch der Innovationsprozess zum Erliegen.** Alles Innovative ist mit Fehlschlägen verbunden. Jede einzelne Erfindung, die die Menschheit jemals hervorgebracht hat, ist vorher durch zig Phasen des Nichtfunktionierens gegangen. Die vielen gescheiterten Projekte sind die notwendige Voraussetzung für den einen Erfolg.

Wer aber die Zahl der Fehlschläge reduzieren will, der kann das letztlich nur dadurch, dass er die Zahl der Experimente reduziert, also die Innovationsdynamik einschränkt. Das ist nicht besonders intelligent.

Wer nicht loslässt, lässt nichts fallen, aber wer nicht loslässt, kann auch nicht jonglieren lernen.

27

SCHÄTZE DAS BETA MINDSET

> *«Immer versucht. Immer gescheitert.*
> *Einerlei. Wieder versuchen.*
> *Wieder scheitern. Besser scheitern.»*
> Samuel Beckett, *irischer Schriftsteller*

In der Software-Entwicklung ist es gängige Praxis, mit einer Beta-Version des Produktes auf den Markt zu gehen, also in einem Stadium, in dem noch nicht alle Fehler ausgemerzt sind. Dieses Vorgehen ermöglicht es, auf der Grundlage des Feedbacks der Anwender, Probleme aufzudecken, die den Entwicklern nie aufgefallen wären und Optimierungen vorzunehmen.

Was wäre, wenn wir ähnliche Prinzipien auch für uns selbst anwenden würden? «Always in Beta» ist der Treibsatz des Fortschritts. Es bedeutet, sich im permanenten Testmodus zu befinden. Es ist eine Haltung und eine Denkweise, die für das Wissenszeitalter elementar ist: Experimentieren, Neues entwickeln, lernen, nachjustieren, wieder lernen, weitergehen. Und das Ganze wieder von vorn.

Immer dann, wenn wir Neuland betreten, werden unsere ersten Schritte nicht perfekt sein. Deshalb ist es sinnvoll, an der eigenen Haltung gegenüber dem Neuen zu arbeiten. Für diese Haltung gibt es im Englischen einen schönen Ausdruck: **Beta-Mindset**.

Dahinter stehen drei kluge Ideen:

1. Wenn du einen ersten Entwurf, einen Prototypen präsentierst – dann mach dir bewusst, dass dies kein fertiges Produkt und kein Ergebnis ist, **sondern nur ein erster Schritt**. Du wirst noch viele Gespräche führen, dabei wirst du zusätzliche Einsichten gewinnen, manche deiner Prämissen werden bestätigt werden, manche Annahmen wirst du mit neuen Augen sehen, die eine oder andere neue Idee wird auf den Tisch kommen. Und das alles hat Einfluss auf das Neue. Du wirst nachjustieren, verbessern und weiterentwickeln. Und hinterher wird es so gut sein, wie es dir im ersten Wurf niemals gelungen wäre.

2. Auf diese Weise wirst du deinen Stress erheblich reduzieren. Denn wenn es schon von Anfang an perfekt sein soll, bist du automatisch in der Verteidigungszone: Du musst beweisen, wie gut dein «fast schon finaler Entwurf» ist. Das ist extrem anstrengend.

3. Wenn du stattdessen die unperfekte Beta-Version vorzeigst, **dann bist du in der Offensive:** Du kannst neugierig und offen testen und herausfinden, wo noch Luft nach oben ist. Du wirst die Kritik als hilfreich und

konstruktiv begrüßen und dich nicht dagegen wehren. Und die aufgewendete Energie fließt in die Verbesserungen, nicht in den Rechtfertigungskampf.

Allerdings – und das ist wichtig! – rechtfertigt der Beta-Gedanke auf keinen Fall schlampige Arbeit. Beta ist nicht die Ausrede für eine schludrige Abkürzung oder dass du in letzter Minute irgendwas zusammenzimmerst. Du hast dabei lediglich das Verständnis, **dass du eben noch nicht alle Antworten hast**. Du kannst sehr wohl dein Bestes geben, wohl wissend, dass du damit noch nicht im Ziel bist.

Die gefährlichste Haltung, die wir einnehmen können, ist zu glauben, alles zu wissen und aufzuhören zu lernen. Wir alle sind das, was man im Englischen «work in progress» nennt. Genau das reflektiert das Beta-Mindset, bei dem Lernen, Feedback und persönliches Wachstum im Vordergrund stehen. Frei nach dem Motto: **Nur ein Idiot glaubt, er sei irgendwann angekommen.**

Wenn du bis hierher gekommen bist, dann ist klar: Du gehörst zu den Menschen, die sich von Krisen und einer verrückten Welt nicht beirren lassen. Du gehörst zu den Menschen, die ihren Weg gehen, die gestalten und die dabei mitwirken wollen, die Welt ein Stück weit zu verändern. Wir schätzen das sehr! Und wir finden es schön, dass es solche Menschen wie dich gibt!

Und weil du so einer bist, kennst du auch das uralte Lied, das gerade in Krisenzeiten noch mal ein Stück lauter gesungen wird: «Ja, ja, die Zeiten sind herausfordernd und wir müssen uns verändern!»

Das klingt ja auch nach hochgekrempelten Ärmeln und nach Aufbruch. Doch dann kommt der Alltag. Und dann klingt das Ganze aus den gleichen Mündern so:

1. OH JE, GANZ SCHLECHTER ZEITPUNKT. KRISE UND SO ...

2. DAS KÖNNEN WIR UNS MOMENTAN NICHT LEISTEN.

3. DAS HAT VOR SIEBEN JAHREN SCHON MAL JEMAND VERSUCHT.

4. DAZU FEHLT UNS DIE MANPOWER.

5. DAS BUDGET REICHT NICHT.

6. DAS GEHT NICHT.

7 DAS WILL NIEMAND.

8. MEIN MANN/MEINE FRAU/MEIN CHEF _ _ _ _ WILL DAS NICHT.

9. ICH WÜRDE GERN, ABER DIE LASSEN MICH NICHT.

10. DAZU FEHLT DIE FACHKOMPETENZ.

11. DAS WIRD DER BETRIEBSRAT NIEMALS GENEHMIGEN.

12. DAS ALTE FUNKTIONIERT DOCH NOCH.

13. DIE WECHSELWIRKUNG MIT X/Y/Z MUSS NOCH GENAUER ERUIERT WERDEN.

14. DAS IST ZU ABGEHOBEN.

15. DA KÖNNTE JA JEDER KOMMEN.

16. DAS IST NICHT UNSER PROBLEM.

17. DAS IST UNMÖGLICH.

18. DAS KOMMT OBEN NICHT GUT AN.

19. DAS WÜRDE DEN RAHMEN SPRENGEN.

20. DAS KANN ICH UNSEREN KUNDEN NICHT VERMITTELN.

21. DARAN SIND SCHON GANZ ANDERE GESCHEITERT.

22. DAS VERSTEHT KEINER.

23. WENN ES MÖGLICH WÄRE, HÄTTE ES SCHON EIN ANDERER GEMACHT.

24. DAS FUNKTIONIERT SO NICHT.

25. EINEM ALTEN HUND KANNST DU KEINE NEUEN TRICKS BEIBRINGEN.

26. DER ROI IST ZU UNSICHER.

27. DAS FUNKTIONIERT IN DER PRAXIS NICHT.

28. DARÜBER MUSS ICH NOCH EIN PAAR NÄCHTE SCHLAFEN.

29. DAS BRAUCHT NOCH EINE MACHBARKEITSSTUDIE.

30. WIR MÜSSEN NOCH DIE TAGUNG DES AUSSCHUSSES ABWARTEN.

31. DER KANNIBALISIERUNGSEFFEKT MUSS VERMIEDEN WERDEN.

32. DAS IST SCHON RICHTIG, ABER...

33. DAS BEKOMMEN WIR NICHT DURCH.

34. DAS HATTEN WIR SCHON MAL.

35. LASST UNS SPÄTER DARÜBER REDEN.

36. WENN DIE RAHMENBEDINGUNGEN ANDERS WÄREN,
    DANN WÄRE ES VIELLEICHT EINE OPTION.

37. DA SOLLTEN WIR UNS RAUSHALTEN.

38. TJA, LEIDER NUR SCHÖNE THEORIE.

39. DAZU FEHLT UNS DIE ZEIT.

40. GRUNDSÄTZLICH RICHTIG, ABER HIER NICHT ANWENDBAR.

Das sind 40 Sprüche der Bremser, der Denkbürokraten, der Komfortzonenbewohner, der Vorrechte-Verteidiger, der Schmalspurdenker und der Bedenkenträger. Entwickle ein internes Bullshit-Radar für solche Phrasen! Setze sie auf deinen Index! Teile sie mit deinen Kollegen, Verbündeten und Mitstreitern!

UND AM WICHTIGSTEN:
GIB SOLCHEN SPRÜCHEN
UND IHREN KLOPFERN NIEMALS
DIE MACHT, DICH VON DEINEM
WEG ABZUBRINGEN!

DANK

Das war's. Danke für deine Zeit und danke für deine Aufmerksamkeit. Vielleicht sehen wir uns ja bei einem der kommenden Rebel-Events.

Auf Wiedersehen und alles Gute!
Anja & Peter

GERADE JETZT
IST DER RICHTIGE
ZEITPUNKT FÜR
WEICHENSTELLUNGEN

VERGEUDE KEINE KRISE!

BITTE: Wenn dir das Buch gefallen hat, freuen wir uns riesig über eine Rezension bei Amazon. Damit Bücher Menschen erreichen und die Inhalte zwischen den Buchdeckeln etwas bewegen, sind Besprechungen wichtig. Damit wir uns dann auch bei dir bedanken können, freuen wir uns über eine Info per Mail
info@foerster-kreuz.com

REBELS AT WORK: Das ist die Community mit inspirierenden Events für Leute wie dich. Für Menschen, die verkrustete Strukturen nicht akzeptieren und Führung und Zusammenarbeit neu denken. Nicht weil es leicht ist. Sondern weil es wert ist, getan zu werden.
rebelsatwork.net

NEWSLETTER: Mit über 32.000 Lesern gehört der Rebelsat-Work Newsletter von Anja Förster und Peter Kreuz zu den am meisten gelesenen Management-Newslettern. Alle 14 Tage gibt es eine Dosis frisches Denken für alle Gestalter, Querdenker und Rebels at Work.
foerster-kreuz.com/newsletter

PODCAST: Für alle, die Impulse bevorzugen, die direkt auf die Öhrchen gehen, gibt es den Rebels-at-Work Podcast.

Er macht Lust, mit Scharfsinn und Kreativität neue Wege zu gehen und sich aus gewohnten, liebgewonnenen, aber überholten Denkbahnen zu lösen.
foerster-kreuz.com/podcast

KEYNOTES: In über dreißig Ländern haben Anja Förster und Peter Kreuz in den vergangenen zwei Jahrzehnten Keynote-Vorträge gehalten. Bei Führungskräftekonferenzen, Kundenveranstaltungen, Innovationstagen und Wirtschaftskongressen. Anja und Peter zeigen, wie Führungskräfte und ihre Teams erfolgreich durch ein Umfeld von Krisen, Disruption und Digitalisierung navigieren können und sich fit für die Zukunft machen.
foerster-kreuz.com

BESTSELLER: Wenn dir dieses Buch gefallen hat, wirst du auch in den anderen neun Büchern, die Anja Förster und Peter Kreuz veröffentlicht haben, jede Menge gute Inspiration finden. «Wirtschaftsbuch des Jahres», «Karrierebuch des Jahres», «SPIEGEL-Bestseller», «Manager Magazin Bestseller» und «Handelsblatt Bestseller» sind Ansporn und Verpflichtung zugleich. Und bestimmt ist auch für dich gute Lektüre dabei.
foerster-kreuz.com/autoren

Foto: Marc Wilhelm

Anja Förster und **Dr. Peter Kreuz** sind Unternehmer, Gründer der Initiative *Rebels at Work* und Vordenker für die Arbeitswelt von morgen.

Mit ihren Büchern, die in viele Sprachen übersetzt worden und auf den Bestsellerlisten von *Spiegel, Manager Magazin* und *Handelsblatt* zu finden sind, zählen sie zu den führenden deutschen Managementautoren. In ihren Publikationen, Vorträgen, ihrem Podcast und ihrem Newsletter liefern sie kompromisslose Weckrufe zum Neu- und Weiterdenken.

Seit zwei Jahrzehnten sind sie außerdem gefragte Referenten bei Führungskräfteveranstaltungen und Konferenzen im In-

und Ausland. In ihren Vorträgen machen sie Lust, mit Scharfsinn und Kreativität neue Wege zu gehen und sich aus liebgewonnenen, aber überholten Denkbahnen zu lösen. Oder wie das Manager Magazin schreibt: «Für alle, die Inspiration suchen, etwas bewegen wollen und den Mut haben, auch mal Neues zu wagen.»

Und sonst so ...

Anja und Peter sind miteinander verheiratet und leben in Heidelberg und Frankreich. Im «früheren Leben» war Anja Managerin bei Accenture und Peter Professor für Internationales Marketing an der Wirtschaftsuni Wien.

Beide sind schwer reiseverrückt. Getrieben von der Lust am Entdecken und ausgeprägter Neugier haben sie bis dato über 70 Länder besucht. Beide sind außerdem Sportnerds: Anja liebt Yoga und Kajakfahren; Peter Alpenüberquerungen mit dem Mountainbike und Halbmarathons. Und zusammen konnten sie sich auch auf ein Hobby einigen: Das Segeln.

Ihr Lebensmotto: Sei besser die beste Version deiner selbst als die zweitklassige Version eines anderen.

foerster-kreuz.com

WENN SIE MICH FRAGEN,
WARUM ICH AUF DER WELT BIN ...
WERDE ICH ANTWORTEN:

ICH WILL LEBEN, INTENSIV UND LAUT

ÉMILE ZOLA

Printed in Germany
by Amazon Distribution
GmbH, Leipzig